心存旷野，手握玫瑰

刘筱 —— 著

江苏凤凰文艺出版社
JIANGSU PHOENIX LITERATURE AND
ART PUBLISHING

序：比美更广阔

从 2018 年开始，陆续有几家出版社来找我约稿，我内心自然是高兴，承蒙错爱，让我这样一个平凡的写字人也有了近距离接触梦想的机会。但更多的心情是惴惴不安，我想：我有资格出书吗？我的文字承受得了出版物的质感与厚重吗？即使在交稿、修改了几个版本之后，中途还是冒出过几次想放弃的念头。如果不是我的编辑一直在鼓励我——更重要的是——严厉督促我遵守截稿时间，或许没有今天这本书的诞生。

身边的朋友常说我是他们见过的最彻底的悲观主义者，对一切未来的事都不抱以积极美好的憧憬，凡事先预设"我不行"，再小心翼翼地伸出一只手来试探可能性。

但也因为这悲观主义的底色，使得我在得不到时并不感到极大的失落，得到时处处有意外的惊喜。

比如从 2015 年开始半道写作，至今也坚持了将近 6 年；比如竟有这么多人关注着我，陪我一同成长；比如在 30 岁这年实现了幼时"有一本属于自己的书"的缥缈的梦想。

这些都不在我曾经的预设之中。或者说，我对自己的人生从无预设，不敢期待。真正实现了，我满心的感激和快乐。

我是个习惯将目光放在当下的人。我的梦想和朝气都不是出鞘的利刃，没有那么张扬和闪光，只是肯在一条笔直向前的路上勤勤恳恳地走下去，撒播一些种子，等待着它在某一时刻缓缓冒出新芽，顺着藤蔓向着世界的光伸展。

我很喜欢三毛写过的一句话："刻意去找的东西，往往是找不到的。天下万物的来和去，都有他的时间。"

这一句，简直是我信奉的全部人生哲学。

写这本书的时候，我的工作身份被认证为"博主"，也就是在网络上有一定知名度的人。

博主行业发展至今，已经鲜有人用文字来表达自我了，那未免有些太不高效了。在视频数据可以实时传达人类一举一动的年代里，沉淀一种思考、整理一种思绪，似乎是反射弧非常漫长的沟通。

但我仍觉得是文字表达是有意义的。常常脱口而出的话，并非经过审慎的反思，甚至不能表达一种浪漫，而文字的本身便是浪漫，是沉淀的、深邃的、值得经过时间洗礼的浪漫。我想为自己留下这点浪漫。

作为一个在最初交往时十分慢热的 A 型血摩羯座，一个在五光十色的社交场合难以自如的人，写字时我感到放松和轻巧。

我的个性使得我喜欢的一切事物都是偏老成持重的。有时候读自己的文字，也觉得缺乏一种洋溢的热情或易碎的脆弱，我的文字好像也是有自我防卫性的，多一个语气词也会感到害羞，想要反复斟酌。

此处我试着更自由地敞开心扉。这本书集结了我于 2017 年至 2021 年间写过的一些随笔和记录，有一部分未曾向大众袒露过，但常常萦绕在脑海中；也有曾经聊过的话题，如今又有了截然不同的想法。

再讲一讲书名的来源。我写的东西杂，内容又跨越了剧烈成长的 5 年，很难一言以概之。我觉得，这肯定不算是一本纯粹的励志书，它的底色没有那么情绪高涨；但它也不只是关于美的散文表达，它应当比美更广阔。我曾经的目光关注于玫瑰、露珠与月光，但现在我能看到更多深厚坚硬的内核。女性力量可以春风化雨，百炼钢化为绕指柔。美也可以是一种自我表达的形式。

于是在某个初春的夜里，我坐在出租车里，开着窗，路过一片玫瑰丛，风吹来淡淡香气，我的脑海里突然冒出了这句：心存旷野，手握玫瑰。前半句是潇洒，后半句是温柔。玫瑰一样绮丽馥郁的女孩子，心中也有着属于自己的广阔天地，不要囿于一只花瓶、一个庭院、一片草地，要远比这些都浩瀚辽阔。就像我很喜欢的那句歌词："我慕天地广，花语意铿锵。"

这个想法很快被大家认可，所以就有了这本《心存旷野，手握玫瑰》，也是我对自己的期待。他们讲这是一本新时代女性主义的书。我想，这是以个人视角讲述的一个普通新时代女人的一些生命片段，无论它是美丽的、平淡的、有力的、踟蹰的，甚至随着时间推移或许会有前后矛盾的，都是属于当下的真切的声音。

如果能借由这本书，与我同时代的女孩子讲些什么，我希望我们都能始终保持自由生长的野性，一生不为美感到羞耻，且永远相信：我们拥有的比美更广阔。

CONTENTS
目 录

辑 一
不被浪费的人生

很多人在我的年纪甚至更年轻的时候，就为臆想中的压力背起了沉重的担子，但你不，你好像永远无所顾忌。不提琐碎，不计得失，对世界保持好奇，笑声响亮，像一种英雄气概。

辑 二
玫瑰的名字不重要

　　女性力量从来不用站出来摇旗呐喊。做自己热爱做的，做自己可以做的，不被性别标签干扰了方向，便能在自己的一方天地里熠熠生辉。

　　我感谢我所身处的时代和环境，纵有一些不如意，但允许女孩也有自己的梦。

辑 三

天真的智慧

26-30 岁，2016-2010 年，写于每年的平安夜，也是我的生日。

不要轻易地顺从和投降，不要轻易地丧失浪漫和敏感，不要只看到生活永恒的苦涩，却不体会这过程中片刻的生动。

但愿我们的眼睛始终能看到繁星、月亮、鲜艳的玫瑰花、清晨的露珠，并始终为此心生欢愉。

辑一

不被浪费的人生

很多人在我的年纪甚至更年轻的时候，就为臆想中的压力背起了沉重的担子，但你不，你好像永远无所顾忌。不提琐碎，不计得失，对世界保持好奇，笑声响亮，像一种英雄气概。

山中夜晚

在西双版纳的时候，有几日的原计划是住在天籽山上。白天看兰花基地，晚上住在山顶的木屋里，开窗便是青山雾霭，云烟缭绕。

可惜梦破灭得太快——因为雨太大，山上太阳能无法供电，木屋不能住人，于是夜里临时摸黑下山。山路崎岖陡峭，雨雾缭绕，能见度很低，司机师傅在岔路口迷失了方向，有两个小时我们一遍遍地沿着原路转圈，始终见不到一点人烟，倒像是朝着雨林深处驶去。

山里无信号，偶尔拐角处遇到孱弱的信号，导航也只能显示："此处无名路。"

风雨夹杂的夜在逼仄的山路里迷失方向，海拔 1500 米，往下便是无尽的山崖草木，白天来的时候湿润幽静的山景此刻都显得有些骇人。一直安静的司机师傅顿了顿嗓子，不安地说："我们只剩一格油了。"

原本睡意惺忪的一车人此时打了个激灵，大家相视无言，但很快便调整好状态，有意识地谈笑起来，想以此安抚司机师傅的情绪。我说："不如我们拿手机的光来照一照窗外，再欣赏一遍山中夜景吧！"

说来也怪，这个时候我才会全神贯注地观察到山林本身。我们的车紧贴着的红棕色岩石，雨水中浸泡着的植物味道，风也是有节奏与气息的，整个世界处于流动而漂浮的状态……

我在车上与大家分享上一次在塔希提夜行的经历——坐着半露天的小船去 10 公里以外的餐厅吃饭。夜里的海面漆黑一片，没有边际和尽头，海风大到无法张口说话，伸手不见五指，却能清晰地听到海浪的声音。

半露天的海上还能看到的，是极为广阔的星空。密密麻麻，有点像颜料洒在了画板上，以大大小小、明明暗暗、毫不规则的形状排列在距离我很近的天空上，好似一伸手就能抓住一把，并串成项链。

我是有严重深海恐惧症的，当下只觉发不出声，却奇妙地在这种恐怖又美丽的氛围里，产生了一种少有的感受。

回来后我反复想到那天的画面，最终得出结论：最旷世的美总是处在危险与寂寞里。

最后我们的山林之险化解于一户农家的灯光——行驶了将近 4 小时的山路，只有这么一家人，老式电视机微弱地闪动着画面，是熟悉的与人类连接的痕迹！

问到正确的路线，总算赶在最后一点油耗尽前，回归了现代社会。

那个山中赶路的夜晚，以及塔希提漫无边际的海上星空，让我时常想起彼时恐惧与悸动交织的心情。那时看见的山与海，辽阔无边，几乎就是你能触碰得到的世界的全部。

没有什么可以依靠，面对自然，我一无所有，人类所认为的一切智慧都被打回原形，你只能静静地等待着自然赐予你的力量与好运。马尔克斯在《百年孤独》里写道："生命中曾经拥有的所有灿烂，原来终究，都需要用寂寞来偿还。"这一刻我确凿地体会到寂寞是真实的，灿烂是虚无的。

我去过很多地方，绮丽如画的风景总会在脑海里渐渐模糊，偏是这几处不安中遇到的美，却记得牢。大约是搅乱了风平浪静的心境，人的高度警觉将对周遭事物的体验感受放大了10倍。

所以我常常想，或许人需要"生活在别处"。

在自己习以为常、顺风顺水的地方长久地生活，太舒服、太周到、太缺乏挑战性，渐渐会失去对世界的探索欲与表达欲，连感受都变得更麻木了，仿佛掉进了温柔乡的桎梏里。

聪明而敏感的人，尤其是需要时刻保持警醒的创作者，最能体会这种变化与动荡带来的激情——虽有不适，却发人深省。

当代人的旅行，四通八达、交流便利，甚至可以在不同的地方过千篇一律的生活，早就失去了"找寻自我"的意义。我也只希望多走一走，多"生活在别处"。倒不一定要从中获得些什么，不过是提醒我去铭记途中细小而闪亮的记忆瞬间，这些片刻像石子一样投在心里，泛起生活的涟漪。如此，我的步伐才会轻盈又扎实，从而更知道自己是谁。

那天下山之后，我依稀还记得，从加油站出来的休息区，司机下车打了个电话，声音哽咽，小声与对方讲："我平安下山了，你放心睡吧。"

这个下着冷雨的夜，也有了几分温柔的叹调。

乌托邦

* 01 *

最好的一天

2012 年的夏秋之际，我动身前往伦敦去读书。那个夏天发生了很多意料之外的事，父亲尚未康复，母亲是极脆弱的人，根本无力承担生活的苦痛。在那个夏天之前，我是任性无忧、事事被照料好的小女孩；2012 年的夏天过去，我觉得生命里的一部分已经消失得荡然无存，我已经是另一个我了。

这些变故差点让我放弃出国留学，但父亲坚决反对我改变自己的学业规划。仍在治疗中、尚未恢复运动和语言功能的他，执意要坐着轮椅来机场送我，他讲不出话，只能一遍遍地与我挥手。我噙着眼泪说再见，那个在机舱度过的漫漫长夜，我彻夜未眠，被担忧、恐惧、不安、孤独的情绪所笼罩，以最糟糕的到达了伦敦。

在此之前，父亲照料好我的一切，大学时甚至每次回家都要车接车送，帮我打包行李，不肯让我独自处理生活里一丝一毫的难题。而伦敦，是我真正一个人仓促面对世界的开始。

只有一个小小的行囊陪着我，抵达时还未找到住处，暂时留宿在朋友小小的公寓里。第二天我拿着地图，一边找房一边熟悉这座城市。因为我的学校伦敦国王学院沿河而建，所以我反复沿着泰晤士河的河岸摸索。

永远忘不了那一天，伦敦的秋日像是铺展开的画卷，蓝色的天，白色和红色的尖顶房子。我们的学校在一条叫作河岸街的地方，往西是特拉法加广场，往东可以一直走到圣保罗大教堂，一路走过，途经多处维多利亚哥特式建筑（后来才知道那天震撼到我的灰白色建筑群是英国皇家司法院）。这座城市怎么有这样多的公园？每走两步就能遇到一个小巧规整的公园，人们安静地坐在长椅上吃午餐和发呆，唯有遍地白鸽，是跳动活泼的音符。

泰晤士河北岸似乎有很多上坡，我对伦敦的第一印象是整座城市仿佛折叠向上，古老静谧的建筑群好像老电影胶卷那样，一幕接着一幕地闪现。伦敦是雨城，可是那一天的初见，让我想到它的时候，总会想到晴朗的蓝天，红与白交织，心里有说不出的明澈与爱悦。

后来我在赞善里附近的 Kirby street 找到一家学生公寓，可以走路去学校，也就意味着可以走去特拉法加广场、国家美术馆、考文垂公园、苏豪区……我的伦敦生活大多靠着脚步丈量，更加能贴近城市的呼吸。

在伦敦的时候我很穷，因为那时已经不想再伸手向家里讨要生活费，偏偏伦敦的物价又高得出奇，所以我经历了人生中比较窘迫的一段时光——上课的时候也帮人兼职做翻译、在媒体公司实习，能走路就绝不打车，等待超市打折的时间去采购食材，因为抢到 4 折的面包券而喜上眉梢。

很快学会了自己做饭，也很有乐趣。出国前从未下过厨，来英国不到半个月就能做出咖喱牛腩、水煮牛肉这样的硬菜。一年中最大的成就就是新年的时候为十几个朋友张罗了年夜饭。

中秋夜在唐人街买来蛋黄莲蓉月饼，用水果刀小心翼翼地切成 4 块，4 个人分享，每一口都十分珍惜，那种醇香浓郁的味道至今记忆犹新。

年轻人的饿像是怎么都填不满似的，那时候每周要攒一次下馆子的钱，去广东人开的店铺吃中式点心，一屉接着一屉。点心精巧玲珑，我简直可以吃下三人份的套餐。哪怕和男孩子约会，到了饭桌上也顾不得矜持，恨不得菜汤都拿来泡饭，把别人那一份也吃个干净。那个男生后来跟我讲，他当时觉得我太可爱太有意思，晚餐之后就下定决心要与我在一起。

现在想起伦敦，总是浮现出很多食物的香，面包房新鲜出炉的烘焙伴着奶酪，混合着空气里的酒精，给人一种满当当的饱腹感。

说来也奇怪，近几年常常去伦敦出差，吃了很多米其林的高档餐厅，却再没有读书时每周下馆子的味道，也再没有那种热切的馋。

伦敦是纸醉金迷的黄金屋，但它的艺术馆与公园却是免费的。伦敦有全世界最好的策展与画廊。我们的第一堂课就设在西伦敦的萨奇画廊里，老师说："从此要展开你们了解这座城市的灵魂之旅啦。"之后的每一周我都来泰特现代美术馆上 4 个小时的研讨课，这堂课也向社会开放，不同国家和年龄的艺术爱好者聚在一张桌上，我有时候想：哇，他们看起来已经有 70 岁了，还会在这里不为学分地记笔记、研究课题，还讨论得热火朝天。

伦敦是当代先锋艺术的集大成者，他们把个性中的偏执、幽默、怪趣味融在大大小小的展览里。有一次在英国国家肖像馆里看到奇怪的沉浸式新媒体展览，内容主要是循环播放"英国之光"贝克汉姆先生入睡时近在咫尺的脸，整个房间环绕着他的呼吸、翻身、喃喃自语和裸露的肌肉线条。房间里的女人们驻足观看，竟如同某种仪式般欣赏完整场"枕边人"的表演。

这里的艺术性是亲民而可爱的，是触手可及的，是生活的延伸。所以肖像馆里永远有推着婴儿车的妈妈，有耄耋之年的老人，也有我这样一贫如洗的年轻人。但我们都在朝气蓬勃地活着，为眼前美的记录而欢欣。

因为没有钱，一半的时间我在艺术馆，一半的时间我在逛公园。

纽约的中心只有一个中央公园，而伦敦的中心则被大大小小的公园围绕着。我最常去圣詹姆斯公园，那是一座像是从莫奈的画里走出来的花园——绿水映苍树，蜿蜒湖面的有成群的白天鹅。春夏的时候我们常常在草地上野餐，遍地半裸的英国人，躺在这里享受阳光的滋养。

我来的那一年，经历了英国少有的酷暑，电风扇脱销，我急得生了一脖子的痱子。而我的英国朋友 J 总是给我热烈地发来消息："这种天气简直太美妙了！"还邀我去晒日光浴，我回复他道："我觉得自己已经在燃烧了，再晒一会儿我就可以烤着吃了。"

J是我在英国最好的朋友，像大部分年轻的英国男孩那样，他热情洋溢、积极社交、热爱派对，一刻都不让自己闲着，也不让我闲着。他带我在小巷子里找到本地最地道的珍珠奶茶店，通知我牛津街的第一盏圣诞彩灯已经悬挂起来了，告诉我哪家夜店周末会有学生免费的入场券，拉我去一边打乒乓球一边喝酒的酷吧——纵然我已经诚实告诉过他，我是一个不会打乒乓球的中国人，但他始终认为这不过是作为东方人的谦虚。

和J在一起喜欢上了小酌——在伦敦不喝酒便失去了大量的乐趣。英国人有多爱喝酒？大概从周四开始，楼下的酒吧就聚集了周边下了班的白领，扯了领带，端着一杯啤酒站在街边谈笑风生，一直持续到夜里还未散去。我怀疑英国的酒吧并不怎么盈利，这帮人就着一小碗橄榄，一杯啤酒就能聊上好几个小时。

我其实酒量不佳，不爱喝苦涩的东西，啤酒也只喝苹果酒，度数很低，不会醉。我们穷学生也有一套自己的饮酒体系。周末晚上八九点，朋友们就聚到家里喝点热身酒——毕竟自己买的酒便宜。我们通常是去 May 的家里，因为她最擅长调酒。音乐放到足够大，一边喝一边相互化着乱七八糟的妆，然后笑成一团，我们往往把眼线画得飞到太阳穴，一小罐亮片又抹眼睛又抹嘴唇，剩一点洒在头发和肩头，浑身都发着便宜的光，但胜在年轻，所以人人都觉得自己是派对女王。

热身酒喝到 11 点多，微微醺就可以去参加真正的派对了。我们喝酒也有节奏，上来要先干几杯刺激的龙舌兰，被柠檬酸得龇牙咧嘴，再换轻柔的鸡尾酒。来的多了，调酒师自然也熟识，趁老板不在他也会偷偷给我们塞上几杯免费特调。特别强调：伏特加放得很多！量很足！

圣诞时节我们会喝热红酒——英文叫 mulled wine，热乎乎的一杯红酒，里面添了橙子、苹果、肉桂、香叶、八角……总之食谱多样，想加什么都可以。

开学的第一周，系里的同学们就围到某一个人家里，自制热红酒，十几个人挤在狭窄的厨房里，七嘴八舌地往锅里倒香料，一个人负责拿大勺搅拌，大家就地靠在灶台上互相聊彼此的故乡和经历。有男孩子悄悄递来小纸条，与我们相约推开门，走到挂满彩灯的院子里聊天。彩灯垂在头顶，眼睛里就有了星星点点。手上一杯装着热红酒的塑料杯，被捏得歪歪扭扭。

有一次喊了一群女性朋友来我们楼下的公共休息室喝苹果酒吃比萨，都是便宜食物，却玩得特别尽兴，笑声仿佛要掀翻屋顶。晚上地铁关了，大家就干脆挤一张床睡。整夜都在小声聊天，讲了什么早就忘了，只记得窗外淡黄的月映在天上，一片云游移过来，星星也跟着忽明忽暗。

2013 年的元旦，伦敦人的跨年夜，人们 10 点就喝得横七竖八，我们一路走都要小心避开躺倒在地上的醉汉们。那个夜晚，公共交通停运，我们几个好朋友分别从伦敦的东南西北角赶到中心地带跨年。我们踩着高跟鞋走遍了全城，终于赶在 12 点钟声响起的时刻，在伦敦眼盛放的烟火下相互拥抱。整片天空都染上温柔的粉与紫，映着那天的火光，我看到每个人眼里都是湿润润的。

身旁的陌生人也走过来一起拥抱，大家一起说："明年会更好的。"

但那一天，想来已经是最好的一天了。

* 02 *

天真的朋友

在伦敦遇到的朋友，都是至真至纯的好朋友。

认识的第一个朋友是 M，M 以烘焙技术高超而著名，可以做出那种摆在哈洛德百货橱窗里的高级甜品。她手巧而脸甜，长了一张慈眉善目的脸，让人想要亲近。M 出生在中国，很小就去不同的国家留学读书，因此我觉得她是一个很具有丰富性的人。M 有两个衣橱，一个叫作"贤妻良母"，一个叫作"欲望都市"，一半的她喜烹饪、好读书，温柔可亲；一半的她妖冶性感，是当之无愧的派对女王。

我们的社交活动多数是她组的局牵的线，她呼朋唤友，很有大姐大的风范，我笑她说："你是伦敦城的金大班。"

我和 M 常常夜里去跳舞，凌晨三四点再一起走路回家，她传授我防身之术——如果路遇暴露狂，一定不要慌张，轻蔑地从上到下打量他一眼，再冲他摇摇手指，不。气势上要压他一头。

M 是我遇到的最豁达乐观的人，失恋了，当天立马打包走人，然后跑来我的楼下做邻居，受了天大的委屈也绝口不提。

那时候我们年轻气盛，对不漂亮的男孩子的追求总是嗤之以鼻，倘若有人上来讲些不咸不淡的话，我总是忍不住要翻白眼。但 M 有自己的见解，她认为不应当伤害别人的好意，可以聊一聊，并适当地送出一个善意的拥抱。

我有时候觉得，即使没有在一起谈恋爱，那些男孩也会一直喜欢着她，就像我一样喜欢着她。

S 是我和 M 共同的朋友，她可真是个光芒四射的女孩。

从前我只知道女人的好看、漂亮和可爱，却从不知道女人可以这样迷人。

第一次见面她坐在副驾驶，后排的我小心翼翼地与她打招呼，她探出半个身子来看我，惊讶地讲："啊，你像挂历画里的女孩，你的眼睛真好看，很高兴认识你！"她的眼睛笑成两道月牙，声音是清脆的银铃声，不知道为什么，我觉得那时黑漆漆的车厢里只有她的脸在闪着光，像繁星点点。

S 总能在任何时候都看见别人细枝末节的好，并第一时间真心地赞美。她有一张十分美丽而真诚的脸，任谁都会被她打动。

S 是个目标明确的女孩，她光明磊落、大大方方。她讲自己考进名校的动机很单纯，因为几年前无意在那个校门口遇到了一个极英俊的男孩，于是她同自己说："我要进这个学校，认识这个男孩。"

几年后，这个英俊的男孩果然变成了她的男友，我们惊叹这真是一则童话故事，S笑嘻嘻地眨眨眼说："我当然有自己的秘籍啦。"

S从不吝啬与我们分享自己的秘籍，她教我们和男孩相处之道：收到信息要停留几分钟才可以回复；口吻要温柔，但姿态不可谦卑；聊天的时候要有趣，懂得在每句话的末尾散发暧昧信号。看我们愚笨无知，她手把手掏出手机来："喏，这些表情可以常用，这几个就不适合……"

她还教我们化妆，用大面积亮晶晶的闪粉，洒在眼皮上、嘴唇上、肩膀上、头发里，要记得这一招在黑暗里是非常奏效的哦。以至于往后每一次用到闪粉，我的脑海里都会浮现出S可爱的脸庞。

Y是住在楼下的韩国大哥哥，年纪上长我们七八岁，因此多出一点家长的派头来。他的家永远整齐洁净，所以我最喜欢去他家蹭饭聊天，有时候待到凌晨，他就会打着哈欠将我"押送"回家。

他总是叫我"天才筱"，因为我经常调皮捣蛋，又成天爱出去玩，但每次考试都考得很好。我说："要感谢你在我每次通宵达旦写论文的时候多叫的一份外卖！"

Y像一个家长，会在开头认真地审核我和M的约会对象，以过来人的身份帮我们鉴别谁是好男孩。后来他发现我们俩毫无常性，像小孩子过家家似的，便笑道："玩得开心！姑娘们！"

Y的理想是做一个音乐人，但在首尔有家族企业需要继承（听起来也很像偶像剧情节），来伦敦读书是和家里人拼命抗争来的。后来几年我再去首尔旅行，他来机场接我，我知道了他已经在当地很大型的音乐公司任职，真为他高兴。

他离开之后，我发现桌子上多了很多张便利贴。Y 帮我写下所有好玩的好吃的地址，需要注意的事项，以及附近的地图路线。

我眼睛湿湿地发信息给 Y：我最好的哥哥。

T 也是我在 Kirby street 的邻居，她是一个精灵一样的女孩子，养了一只看起来很忧郁的布偶猫，那只猫在那一年是我们十几个人共同的宠物。T 不喜欢与人接触，她喜欢小动物，最大的理想是开一个农场。她在家里画了很多动物的脸，猫的眼睛是碧蓝的宝石，马的眼睛圆而忧伤，老虎也是温柔明亮的，她画的动物都有一副婴儿般的神态，像她喜欢的夏加尔。那时我在她的家中看到夏加尔画的缤纷的马，为之所动，我问她："这是谁？"她告诉了我夏加尔的名字，我就好喜欢。

X 是网络上认识的，她说无意中看到我的账号，觉得我很有意思，有空可以见一面。她是那样文静温和的女孩子，真想不到会主动向陌生网友伸出橄榄枝。可是我们一遇到就喜欢上对方了，仿佛有讲不完的话。她在我们街对面的伦敦政治经济学院读金融，我带她去我们学校的秘密花园，她带我去政经有名的早餐店。那时 X 还在为申请工作而踌躇，如今她已在大名鼎鼎的"四大"游刃有余。我去伦敦参加时装周，一个人住酒店太害怕，夜里发信息给 X：可以陪我睡觉吗？不到半小时她就拎着随身包来了："大小姐，我明天要上早班，现在立刻马上跟我去睡觉吧！"

在伦敦时，朋友们都很爱讲一句话：YOLO！意思是：You Only Live Once！（你只能活一次！）

去玩吧，去疯吧，去做不敢做的事吧。生命只有一次，明天会怎么样谁也不知道，不如今天尽情地快乐。

来伦敦之前，我朋友很少，感情也很淡薄，是喜静又内向的人。很奇怪，这座城市给了我太多意外和炽热，解开了我全部的禁锢，并在我孤立无援的时候，张开怀抱给予我最大的善意，让我第一次独立面对世界时没有太失望。

每每翻看照片，看到那时我稚嫩的脸上闪烁着流光溢彩，就想到王蒙在《青春万岁》里写的那段话："我们渴望生活，渴望在天上飞。是单纯的日子，也是多变的日子。浩大的世界，样样叫我们好惊奇。从来都兴高采烈，从来都不淡漠。只要青春还在，我就不会悲哀。纵使黑夜吞噬了一切，太阳还可以重新回来。"

* 03 *

"伦敦"这个词，在我的心中，远远胜过一个城市。它是一个形容词，用来形容世界上一些美好的事物。假如我看到一个精妙的建筑，就会不自觉地说，这栋建筑真好看，简直很伦敦了。逛了一个美丽公园，就会说，这个公园会让我想起伦敦的公园。快乐到词穷的时候，我就想，啊，感觉像在伦敦一样。

可能每个人心中都有这样一个理想的乌托邦，承载着所有关于美好的记忆和想象，是内心最柔软的角落，永远是自己的童话镇，是胸口的朱砂痣，是床前的白月光。

爱一座城，可比爱一个人要更为盛大、持久、壮阔和深沉。

* 04 *
日记

2012-10-16

前日傍晚与winnie去跑步，附近的小公园里落叶遍布，却也有葱郁的绿树环绕。公园只有一个咖啡馆开在小木屋里，投射出橙色的温暖灯光。玻璃窗里偶有几个穿梭的单薄身影，一晃也就没了，整个世界只听到自己踩踏在落叶上窸窸窣窣的声音。

在跑到不知道第几圈的时候，一群白鸽从低空飞过，姿态煞是好看，黄昏里沉睡的天空也因为这片白浪漫了起来。

又继续跑着，看到前面winnie小恶魔样的帽尖儿一起一伏，一会儿消失在绿树中，一会儿跳动在视线里，我心里甚是踏实。

可能就是在这样的时刻里，我产生了一种微妙又强烈的感觉，我觉得我爱这座城市。

我来这里几乎要一个月了，去过它最繁华的商业街，也见过它最为人们津津乐道的著名景点，还感受过它怀有的高等学府的书卷气，却在这小小的花园里，我吸了一口湿润微凉的空气后，才确定我爱它。

　　我在这里不过就一个月，来的路上并不快乐。关于远行，我满心里都是苍凉，又不凑巧在这里惨淡地结束多年的感情，也在半夜惊醒时小声地啜泣，但是真感谢伦敦给我足够的美好，让我在黑色噩梦到来时总有温柔的栖息地可以喘息。

　　回去的时候，我们经过了有着大片暗红砖头的古老建筑。一条低洼的长街看不到尽头，只见暮霭里的晚霞笼罩在高高耸起的骑士雕塑之上。不知何处的礼堂传来低沉的钟声，整个城市散发出温柔静穆又弥漫无尽的气息。

写字的地方

有一次，某个读者给我留言说："我觉得你是上海城市浪漫文化的宣传大使，你让我完全憧憬起上海来——绿色树影，婆娑着的光影，历史和故事……"哪有那么夸张呀。我把这段话读给我男朋友听，我俩都笑了。

可能因为我不是上海人，多少是以局外人的身份和这个城市相处，总会带有一点旅行者的新鲜感。

我有个好朋友，是上海小姑娘，天天吵着要去北京筑窝，拦都拦不住。原因是她在家要被爸妈束手束脚地管，连点外卖的自由都没有。尤其每次穿了性感的衣服出门，就一定要赶在回家之前换回严实的外套和长裤，假装一切都没发生过——是这样的，哪个城市有自由，哪个城市就浪漫！

但我以前并没有很喜欢上海。我读大学的时候，暑假来上海实习，来了一个月，病了一个月。检查不出任何问题，只是动弹不得，连呼吸都困难，一个月我就瘦脱了相，结果回了苏州病就好了，生龙活虎。我当时梗着脖子说："我以后可不要来上海生活！"

我这个人，可能有"大都市综合征"，平时都很结实健壮，却分别在北京和上海大病过一场，哗地倒下，没有一丝征兆。可能是天生对繁忙紧张、人潮涌动的"紧张都市气氛"过敏，真的没出息。

仔细想想，我对上海的不适症状是到什么时候才消失的？可能从不用去上不想上的班那年开始的吧。

这样讲也不对。这个世界上，有很多人适合过被安排得妥当规律的生活，也有一小部分人适合散养。要对自己负责固然很艰难，但我似乎非常能适应这种靠自律而非纪律控制的人生。

2016年的夏天，我把手头的工作都停了。有一个公司给我开出了不错的薪水，也不严格要求我的考勤，但代价是要我停掉自己的账号。我第二天就把合同给对方送回去了，我说："我还是想自己试试。"

那一年我住在高安路，20世纪90年代建起的那种不太时髦的老公房，房间被我从头到尾改造了一次。但那条路很美，它被茂密的法国梧桐环绕着，紧挨上海图书馆。马路对面是湖南路，两分钟就能走到武康路，那是市中心难得的一块安宁地。

2016年我没什么工作，也独来独往，现在想来或许是记忆里最快乐的一年。我的家里还没有准备好一个正经的写字台，所以我每天都出门，还需要绕过那些绿树，找一家人少的咖啡馆，一待就是一天。

想起来一家咖啡馆，名叫鲁马滋，不知道现在还在不在？一扇木头小窗沿街支开，店铺小小的，那个时候人还不多。老板是日本人，娶了上海妻子，咖啡豆都是在店内烘焙的，整个屋子都弥漫着暖香。

当时店内不配 Wi-Fi，理由是希望顾客好好体会咖啡本身，非常适合被社交网站所累却想逼自己完成一篇稿子的时候。

我还很喜欢去环贸三楼的一家外文书店，藏在某个服装店的后面。此处诞生了多少字倒是无从考究了，但是我记得那里的蛋糕非常好吃，那一年我没少摄入糖分。

2017 年的冬天，我租下了复兴中路的克莱门公寓，并且有了自己在上海的第一张写字桌。克莱门公寓是 20 世纪 30 年代的历史保护性建筑，干净明亮，有漂亮的拱形窗，邻着上海交响乐团和音乐学院，很多居民都是附近的学生或老师。每到黄昏的时候，坐在桌前，可以清晰地看到天边挂着清清淡淡的粉色晚霞，空气中四处流淌着似有似无的钢琴曲和小提琴声。

据说我的房东是音乐学院的教授，被称为上海小提琴第一人，他很郑重地留了一把琴在书架上（想来可能也是人家忘记扔了）。

我喜欢面对着窗户坐。小时候我有一面靠墙的写字台，也是这样对着窗外，中学时我在那张桌子上写了 4 本未发表的小说（可能是人生中创作的巅峰了）。晚上我把杂书塞在课本下面偷偷地看（以防爸妈突然进门检查），青春期全部的记忆都围绕着那张紧贴窗子的写字台展开。

对面有那么多窗口，也不知道窗子里的哪一个人与我一同分享了当时的月光。

在克莱门公寓，我的窗外正对着一个两层楼高的屋顶露台。一个小姑娘，在天气好的时候常常翻窗爬到露台上，那个露台只属于她一个人。她有时候画画、有时候看书，以不怎么扰民的音量放歌剧。她养了 2 只猫和 3 条狗，它们常常翻着肚皮快乐地在她的脚边打转。

我希望她不要觉得我是一个盯梢者，只是我们离得太近，而这个画面又实在可爱。卞之琳的诗怎么说的来着？"明月装饰了你的窗子，你装饰了别人的梦。"

2018 年之后有一个我常去写稿的小咖啡馆在东平路，叫 Zen Café。我在对门的 Greensafe 吃饭，但不太在那儿写稿，因为 Greensafe 是大众食堂。这家咖啡馆隐蔽地藏在一家工艺品店的楼上，有尖尖木头顶，阳光很好。

一款有名的咖啡叫作宋氏三姐妹，我常点的是美龄咖啡配绿豆糕，具体味道记得不大清楚了，记得清楚的是夏天的时候窗外郁郁葱葱，绿得像块发光的丝绒布，店里总会放周璇的《天涯歌女》。

去年东平路改造，我常去的健身工作室、餐厅、咖啡馆全部都搬走了，最有生命力的一条道路从此被粉刷成光秃秃的白墙，Zen Café 也没有了。

这 4 年里，从湖南路、武康路、永嘉路到东平路，很多充盈着我生活的小店一家一家地消失了。或者改头换面变成了人们大排长龙的网红店——当然能活下来就很值得高兴了。我只是隐隐感觉到氛围变了。希望这片城市中心最浪漫的地方依旧保持往日的灵性。

扯远了。

去年夏天我选了淮海中路的公寓，距离新天地只一步之遥，算是告别了熟悉的区域。其实距离原住处不过一二公里罢了。

搬家主要是因为原来的房子放不下我的"仓库"，所以选了个比原住处大了一倍的大平层。依旧是在 20 世纪 30 年代建造的公寓里，只是改造成了现代式公寓。客厅太大，我就把餐厅的部分做成了自己的工作间。

写字桌的窗外是我的阳台，倒是没什么风景，所以养了几株竹子，可抬头见竹。

有时候阿姨来打扫卫生，她会走到我书桌前说："先把你学习的地方弄干净，待会儿就可以坐下来写作业了。"感觉又回到了十几岁时埋头苦读的那张书桌。

我妈说，我有一个本事，无论给我一张多大的桌子，我都能马上摊得满桌密不透风。后来我看到卡尔·拉格斐的那张书桌，他整个人被埋进去一半，才知道我的书桌不足为奇。

对我来说，如果真要讲上海的浪漫，多半也浓缩在了这张变化着的写字桌上。我对它有什么期望呢？任是摆在哪里，只要我还保留着能继续写字的心情和冲动，它就算是一个思绪的栖息地。

突然想起来伊迪丝·华顿的写作方式：安卧在床上温暖的被子里，抱着她的小爱犬，在床上构思写作，写完的稿纸，一张张地堆在床边，会有女仆来整理，并交给秘书去打字。而现在坐在桌边的我，甚至需要颈椎牵引器才能远离头痛，因此实在不敢想，倚在软和的被窝里写稿，是怎样一幅艰难的光景。

"不快乐"与"得不到"

我有时想，灵感真是这个世界上最虚无缥缈、不着边际的东西，来时忽如雨下，去时枯竭干涸。做一份靠灵感而生的工作，有时候像买彩票，日复一日、勤勤恳恳地刮开涂层，等待着不可预知的幸运来袭。写得出的日子像金子般珍贵，而写不出的才是常态。

大概正是如此，作家很容易染上一些怪癖吧，酒精、远行、跑步、遗世独立，从生活中剥离……

作家梅·萨藤 60 岁时离开熟悉的城市，搬去新罕布什尔州的乡下，或者缅因州约克的海边小屋，四下无人，唯有安宁。她以独居的孤独苦痛开启生命的内省与思索，记录灵魂苦行的来龙去脉。灵感有时是黑暗煎熬的最终救赎，却不是安稳生活的火星灵光。

我是最平凡的写作者，时常会被"写不出"的压力折磨。我时常感觉内心是一座枯萎的花园，一片看不见星星的夜空。我极力想挖掘些什么，但向内窥探，只望见一片荒芜，了无生机，并随之陷入长时间的自我否定。

写作的苦，是把自己心里的痛挖开后再大卸八块与人分享，靠的是极为强大的内心力量，是伤口撒盐依然保持岿然不动的定力。人一旦脆弱下来，就会停止输出。

前段时间在饭局上，一个女孩聊起自己的梦想，说希望自己住在希腊某个远离喧闹的岛屿上的一座漂亮房子里，做一个写作人，写字的时候面朝大海、春暖花开，出版社的编辑需翻山越岭来催稿——像电影里演的一样。

我笑说，无论你把写作想象得多么时髦美好，事实上大部分时候陪伴我的只有枯燥、难耐和艰苦，用超出你想象的自律坚持着。

每个行业的人对陌生领域都有着不切实际的梦幻憧憬。身处其中，一切兴趣爱好都会成为琐碎的细节，成为要和讨生活挂钩的营生，都不会那么浪漫。好比第一眼爱上的面目清秀的美少年，倘若与他同住，面对他邋遢、吝啬、不做家务、剔牙放屁等诸多恶习，接纳他五花八门的怪毛病，还能拍着胸膛说我爱他，恐怕那才能算是爱。

100 分的爱也只能够抵挡丁点的痛苦，180 分、200 分的爱大约才能承受住大多数的糟粕。而这个过程，由自我折磨构成，其中充斥着大量的妥协、失望和无奈。

这世界上林林总总的快乐与喜悦，都是由着生命里常态的"不快乐"与"得不到"衬托而来。

正如伏尔泰说："快乐不过是梦，忧伤却是现实的。"

仔细想，这世上大多数的事都如同写作的过程，写不出、得不到的才是常态。而灵感、爱情、幸福来临的时刻，都值得我们振臂高呼。

即使想要的都未曾来到，也总会为你留下些什么。得不到回应的爱，也一样会赠予你爱的心动感受；达不到的目标，同样会为你提供汲取诸多知识与经验的强大动力。

叔本华在《一个悲观主义者的积极思考》里写道："把人生比作一次旅行，沿途所见景色跟开始的时候不同，当我们走近些，它又有变化。这就是真实的人生——对我们的愿望而言，更是如此。"

"我们时常找到些东西，一些甚至比我们所寻求的更好的东西。我们所要寻找的东西，往往不在我们着手寻找的那一途径上，而在另一条小路上。我们没有找到期望的欢乐与喜悦，我们获得的是经验、知识——一种真正而永恒的幸福，而不是短暂的、只在幻想之中才有的。"

我始终认为，这世上容易获得快乐满足的人大多有着悲观主义的底色。一旦接受了"所拥有的都是侥幸"这种设定，好像人生轻松了大半，可以为任何微小的收获而由衷地喜悦。

我常收到一些信件，信的主人说自己正处于绝望的状态，不知该如何走出低谷。我不知道要如何解答，因为我自己也一样，也有好多次陷入极致的焦躁与迷茫，摆脱不了，总觉得自己站在悬崖的边缘，轻轻一推，就会粉身碎骨。

好多次我闭着眼睛跟自己说"这个坎儿可能过不去了"，但不知道为什么，最终总会跨过去。好像冥冥之中，命运就会做这样的安排，把你一次一次地扔到悬崖边上，让你痛哭嘶吼，再自己一步步地走回来。一个人所拥有的能量，远远超出自己的想象，它深似大海。

　　但我想，这些都是常态，是任何人应当每隔一段时间就进行的自我修复。麻木的快乐是无意义的，唯有经过思考和疼痛沉淀后的快乐才会真实地存在着。

极简主义

当下时兴"极简主义"——Minimalism，衣、食、住、行皆可"极简"，一种以黑白灰为主色调和简易线条构建的审美世界占据了上风，新潮人类贯彻得铺天盖地，并隐约传达出一种鄙视链的味道："极简"即为高级时髦，反之则落入俗套。

"先进"的极简式审美风格在北欧与日本十分盛行。或者说，我们现在能看得到的极简风格，大多源于这两处。

我去过瑞典和日本，这两个国家的相似之处是：极度干净。好像空气里都不会产生灰尘似的，处处明亮整洁，有一种克制的美。

这两地的人，也携带着某些共同的性格特征：热爱制定并实行规则，严格遵守规则，注重条理与细节，有强时间观念。有深入的"美学教育"，崇尚设计感，能产出顶尖的创造力。——北欧的时尚设计与日本也有共通之处，他们彼此惺惺相惜，相互认可。

我今年在艺术展上采访过丹麦著名的艺术家兼设计师亨利克·维斯科夫（Henrik Vibskov），他的同名品牌在日本、北欧和美国的买手店售卖，大多时候与川久保玲、三宅一生等陈列在一起，他认为可以理解为"同一体系"。亨利克对日本当代艺术与设计如数家珍，同时抱歉地承认，自己对亚洲其他国家的文化艺术就知之甚少了。

过于自律的民族与国家，也很容易陷入"安静的焦灼感"之中。我去过这样美丽又整洁的地方，你很难想象，他们的自杀率高到超乎想象。反而在熙攘闹市中生长的生命，更具韧性，被黏糊糊的人情味牵制，同时也被庇佑。

完全可以理解，这两个国度的人们可以在"极简主义"的美学观点上达成共识——追求一种超脱于外物的精神世界的安宁。

但同时，表现形式又是截然不同的。

日式的极简，根源或许来自盛唐时期佛教禅宗的清修思想——强调留白，表达一种禅意，意在呈现朴素又安静的美。谷崎润一郎的《阴翳礼赞》甚至提出要"歌颂黑暗与阴翳"，他们喜欢薄暗的光线、生了锈的银器、肌理细密发黄的纸张，他们觉得一切沉滞暗淡的美感才会使人得到心神宁静，一切都不应当太过于明晃晃。

这种极简精神里难免包含一种忧思，物哀、风雅、幽玄。一件东西，知道它注定不完满，才会更好地珍惜它的当下，此为缺憾的、带有阴翳的美。日本特有的危机感，使他们无法快乐无忧地面对美。

而北欧的极简，本质上不大相同——明亮清澈、色彩明丽。他们要的极简，是剥离额外的人工附加值，保留原始的简单，其根源来自对大自然的崇敬与热爱。

有一年夏天，我跟随瑞典一个当地的品牌来到斯德哥尔摩。

恰逢北欧一年中最好的时节，日暖风和、舒朗气清。白天我们坐船渡河，大家坐在船上喝酒闲谈，带了一个音响来放北欧民谣。

有人指了指远处讲，他就住在那个岛上，每天划船来上班。

我很好奇：真的有人像书里写的一样，在城市间过这种古老原始的生活吗？

据说此人家世显赫，拥有整座家族世袭的城堡，但仍然喜欢每天划船和骑自行车来上班。瑞典人似乎整体对豪车兴趣平淡，他们更喜欢这些可以和周遭的世界直接接触和呼吸的交通方式。

我对斯德哥尔摩最深刻的印象就是人人爱骑单车，满城都是骑跨在单车上的长腿帅哥。

我们的船驶向更远的地方，可以看到茂密的树林，三三两两跑步的人穿梭而过，向着树林更深处的地方跑去。斯德哥尔摩城市间的森林覆盖率让人惊讶，时刻能见到有人在丛林中奔跑，投向自然深处的怀抱。他们说："喏，这是典型的斯德哥尔摩生活方式。"

有一天我们去郊区的工厂参观，回来的半路上，他们从后车厢拿出准备好的野餐箱，径直走向一片树林中，大家开始盘腿坐地上野餐——很简单的水和沙拉，伴着周围溪水潺潺，一眼望去无尽的绿。

这倒是难得的体验。比如去巴黎，品牌方喜欢带我们去布满天鹅绒宫殿般的餐厅，在丽都看艳丽脱衣舞娘，总之有着醉生梦死、声色犬马的气氛。

而此刻，我们席地而坐，带着工厂里刚刚看完皮革原材料的野生味道，脸庞朝向天空。

他们又在放音乐了。

在皮具工厂里，我看到一名手工匠人正在打磨一双皮鞋。他说自己的婚礼马上要到了，他准备给自己做一双在婚礼上穿的皮鞋，因为没有什么比自己选皮料、自己动手做出来更有意义。

北欧设计的原料中喜欢大量使用木材，以及不锈钢搭配皮具和玻璃，他们迷恋这种原生态的味道。

一方面北欧有着得天独厚的自然环境——纯净的空气、丰富的植物和生态多样性，他们取材简直信手拈来。另一方面社会福利高度发达，大众早已脱离对物质极度渴望的阶段，当人们对以奢侈品进行身份认证的意识淡薄之后，会更加着眼于材料与设计本身。

对他们来说，真正的奢侈是接近原始，是还原一件物品最回归天性、最返璞归真、最不被品牌名所累的本质。我觉得这是一种潜移默化的消费模式和生活方式的集体性选择。

所以当我们在说"北欧式极简"的时候，其实是在说一种消费选择，一种绝对的功能性追求，一种物质文明发展到极致之后的质朴天性。

真正的极简从来都不是越少越好，而是留下必要的东西，保持恰如其分的比例。不一定非得简洁，但不应该比"必要的情况"更复杂。

与日本更偏向原木色调、更赞美阴翳的审美不同的是，斯德哥尔摩是一座明媚的、鲜亮的、敢于用色的城市。

它的建筑、河流、地铁搭配在一起，色彩丰富，但与西班牙南部小镇或拉丁美洲的鲜艳截然不同——此地的色块情绪平静，毫无差池，讲究协调统一、井井有条。虽是彩色，但遵循一种完美的秩序配合，毫无攻击性，令人感到平静。

在我看来，北欧设计的一部分是试图还原自然本身的色彩和线条，尽量不做不必要的修饰和添加。核心是要干净、纯粹、线条质朴统一。

我本身不是极简风格的狂热拥趸，我个人更偏好繁复的、热情的、华丽的审美取向，但我完全能够欣赏这种经过美学沉淀后的充满无限创意思维的极简。它不是一个生搬硬套的模板，不限定于某种固定的色彩或形状，它背后需要复杂的设计智慧来支撑。

而归根到底，还是源于物质欲的淡化，而重新拾起对自然本真的渴望。倘若只是一味地"品牌崇拜"，将模仿"北欧风"视为审美制高点，也就刚好违背了它的核心原则。

我有我的蝴蝶

有一部儿童电影，名叫《乔乔的异想世界》（*Jojo Rabbit*），讲的是"第二次世界大战"时期德国的一名小男孩乔乔的故事。乔乔头发卷卷，脸蛋圆圆，还不太会系鞋带，梦想是要成为最完美的纳粹标兵，他脑海中的臆想好朋友是会帮他出谋划策的希特勒。

可是妈妈想让他成为这个年纪正常的小男孩，会爬树，然后从树上掉下来，怀抱希望，能自由地跳舞。妈妈跟乔乔说，爱是世界上最强大的事。乔乔问，爱是什么？妈妈说，等你遇到你就知道了，可能还会有一些痛苦，就像……你的肚子里好像有很多蝴蝶在飞舞。

乔乔嗤之以鼻，他以为世界上最重要的事是金属、炸药和肌肉——那是法西斯主义教给他的冷血生存法则。

而他始终不过是一个心地善良的小男孩，连一只小兔子也不忍心伤害。有一天他发现了妈妈的秘密——她竟然在阁楼上偷偷藏了一个犹太女孩。这让乔乔如临大敌。在犹豫要不要举报犹太女孩的过程中，这个小小的纳粹追随者，竟然荒谬地和"敌人"做上了朋友。

有一天他看着女孩的背影，发现自己的肚子里真的飞来了一群五彩斑斓的蝴蝶，塞得满满当当。

砰，小男孩被爱击中了。

故事的后半段有一些悲伤，乔乔顺着美丽的蝴蝶在广场奔跑，却发现了街头绞刑架上被吊死的妈妈。熟悉的红色皮鞋悬挂在乔乔的头顶上方，乔乔最后一次帮妈妈系好了鞋带。那个教会他"世界上最强大的是爱"的人不在了，而他刚刚才学会什么是爱。

所有人都希望乔乔做一个强悍冷血的战士，只有妈妈希望他做一个平凡的、真正的人：浪漫、自由、随时起舞、心中有蝴蝶。

"爱就是肚子里塞了很多只蝴蝶。"

这个形容真好，不是一朵花开、一轮朝阳、一句清亮的歌声、一口蜜汁般的糖。爱也并不全然是喜悦的，是意料之外、不知所措、七上八下、辗转反侧，是千万只蝴蝶扑闪着翅膀，从四面八方涌向你，让你慌了阵脚，没了主意。就像立在一个美丽的深潭边缘，有一点心悸，同时感到一阵阵的荡漾。

美丽脆弱的蝴蝶，翩然而至，搅得整颗心不得安宁。

但还是要来的。一生中如果不遇到几次蝴蝶飞到心头，尝尝那患得患失的滋味，即便万事周全也仍留遗憾。

或许得有一次模模糊糊仿佛做梦似的倾诉，电话那端心平气和地问着："你的窗子里看得见月亮吗？我这边的窗子上面吊下一枝藤花，挡住了一半。也许是玫瑰，也许不是。"

你声音哽咽起来，疑心那是梦，想了很久也不记得那个电话有没有发生过。

后来跟别人说起《倾城之恋》中的故事，我说，这一段我经历过的。我不记得那是不是一个梦，时间久了，我都忘了是书里写的，还是我遇到过的。

往后每每读到，总归还会在心中停顿片刻，似有羽翼划过。

从前看《末代皇帝》，里面的小溥仪幼时迷恋自己的乳母，那是他在整座冰冷的紫禁城里唯一亲近的人。但他们不喜欢那样，所以他们从他身边抢走了乳母。溥仪追在后面奋力奔跑，别人跟他说："你已经大了，不应该再有乳母了。"他泪眼婆娑地说："可是她不只是我的乳母，她是我的蝴蝶（She is my butterfly）。"

那个时候，我不太能理解 butterfly 的表达，只觉得有一种东方诗行般哀忧的意境。

后来我就想通了，他的生命里曾有过蝴蝶，一次、两次、三次，被人轻而易举地折断了翅膀。有些人的蝴蝶就是这般纤弱易折，在时代和命运的重压下，他那微不足道的小小的情感和灵魂简直不堪一击。

如果可以的话，愿我们每个人都能保存好心中的蝴蝶。人类的情感呵，有时脆弱如蝶翼，有时坚硬如钢铁。

我记得画家弗里达在发生车祸的那一年，脊椎折成三段，她在身体的石膏上画了一只蝴蝶，然后把爱人的脸画在蝴蝶头上。后来年轻的男友离开她，她继续画更多的蝴蝶，每一只蝴蝶都有一张英俊的脸，或低头微笑或仰头沉思，五彩的蝴蝶在粗砺的石膏上翩翩欲飞。

人会离去，爱会消亡。可是心中的蝴蝶，永远都会在生命的某个峡谷或河流中出现，投下薄暮般旖旎的影子。

天上风筝在天上飞，

地上人儿在地上追，

你若担心你不能飞，

你有我的蝴蝶。

——摘自《无与伦比的美丽》

立春

我对家乡有一种颇为复杂的情感。

我的家乡是一个微小的城市，像世界上的每个小城一样，这里没有秘密，也没有恰当的距离。人情关系由于太过紧密而显得黏腻，它封闭、守旧、千篇一律。

人们始终对别人家的家长里短保有十足的兴趣——在我看来，谁跟谁又有什么不同呢？不过都是一眼看穿的未来。

对自己所处的城市开始厌倦，始于青春期，觉得这里处处狭窄闭塞、格格不入。我的唯一目标就是离开家乡。并不是因为生活得不够好，正相反，我的家庭经济良好、民主自由、相亲相爱，符合一切传统意义上幸福家庭的标准。而我始终拥有这样一种执念——必须离开这里，过一种全新的人生，不同于18岁之前我看到的所有熟悉的人们，那一眼望得到头的枯燥人生。

这种情绪在青春期尤为显著，晦涩的羞耻与厌倦占据了全部的心思。那个时候，我拒绝与家人有过多的沟通，也不结交朋友，不想与这座小城有一丝一毫的牵挂联系。我觉得我的心很大，大到这座小小的城市容不下我一丝一毫的期待。

好像《立春》里的蒋雯丽，因憎恶着自己的小镇，咬牙切齿地铆着劲儿说："我不想在这个城市发生爱情。"这种心情羞耻又悲凉，难以启齿，却是所有小城里自恃清高的少年们都浮现过的念头。

从大学开始，我回家的次数越来越少，即使近几年交通愈发便利，高铁飞机都能直达，也没有因此变得频繁。好像少见一些，就能忘得多一些，走得远一些。

一年又一年，直到我也不得不注意到，彼时我容不下的故乡，如今也容不下我了。

几年前还在嬉笑打闹的玩伴们，转眼就是陌生人。去了大城市的年轻人崇尚自由、有趣和未知性，他们大聊创业、生活方式和消费升级。留在老家的同学纷纷选择结婚生子，日子过得热热闹闹，公务员转了正，买了第几套房，父母孩子近在咫尺，夫复何求。

大家活在不同的秩序和人情关系当中，见了面除了能聊起所剩不多的记忆片段，剩下的大多是插不进话的尴尬。又或许因为三观不合，朋友圈上任意一方发表己见都能引来对方的不爽。几次下来，便不再见了。

近几年慢慢升温的，反倒是和亲人们的关系。我在互联网上做自媒体，也是个温暖的契机。回家之后我意外发现，家里或远或近的亲戚都在读我的公众号，饶有兴趣跟我聊着常写的内容，还要积极地分享给身边的人："你看，这是我们家刘筱啊！"而我爸妈，如今熟练地掌握了所有的社交媒体平台，知道什么是抢沙发，给我打赏也最积极。

我的外公快要 80 岁了，竟能记得给我的每篇推送点赞。有一天我在微博直播，直播前半个小时，外公着急打来电话问我："怎么看你的直播？"搞得我又想哭又想笑。

外婆总是想不通视频这件事，外孙女为什么可以出现在小小的手机屏幕里？很多事她都记不清了，但对我小时候的糗事依然如数家珍，对着屏幕就想戳我的脸，看到我在讲话就以为我回来了。

我都能想象得到，长辈们如何努力而笨拙地学习着不被时代抛弃，这样才能与我们走得近些，更近些。

年轻人有时是否过于刻薄？在我的家里，目前还没人挑起过网络上盛传的那些尴尬的亲戚语录——因为大人们也上网，他们都在小心翼翼地避免着被我们讨厌。他们也想做被喜欢的人啊。

每次离开家的时候，我妈总会问我："会不舍得吧""会想家吧"？我别过头说："不会""不想"。我妈掐我一把，"嘴硬"。

想不想家？我也说不上来，好像有些模模糊糊的念想，转瞬也就被秩序井然的都市生活覆盖住了。

往后的很多年，看到巴黎塞纳河上并列着的古老拱桥，我便想到家乡的青溪河与横贯其中的十三座老桥；看到大西北的荒芜山头，便想到家乡雄奇灵秀的蜿蜒山脉；在墨西哥小镇吃到顶好吃的菜肴，竟也想到童年时代熟悉的味道……因此有一些落泪的冲动。

我很少在文章里提到家乡，也不大讲从前的故事。有一次被问到我的母校，我想了想，终于忍不住说，我们中学啊，非常好看，可能是世界上最好看的校园了。春天的时候，整个学校都飘散着粉红色的细碎花瓣，常常会散落在头发和睫毛上。

讲完，心里也涌过一丝惆怅。

思乡有时是一种模棱两可又深入骨髓的感情，不必时时提醒，但触碰到便是深厚的乡愁。

看余光中的《月光还是少年的月光》，他写起幼年时生长的四川："那峰连岭接的山国，北有剑阁的拉链锁头，东有巫峡的钥匙留孔，把我围绕在一个大盆地里，不管战争在外面有多狞恶，里面却像母亲的子宫一样安全。" 此后多年，先生背井离乡，可总是难忘巴山蜀雨潮潮的雾气。

在阳光明媚的洛杉矶，想起四川，这个时节大概又要阴雨连绵了吧？

在海外，夜间听到蟋蟀叫，就会以为那是在四川乡下听到的那只。

故乡像细密的一张网，打捞起月光般的少年惆怅的思念。

有一次看到电影叫作《伯德小姐》（*Lady Bird*），讲一个生长在小镇的女孩子，倔强地想摆脱原本的身份，脱离太过熟悉而产生的桎梏，执意为自己取了这个新名字"Lady Bird"，好像我们在青春期里的想象：是不是变成小鸟就能逃离家乡、飞向远方？

经历种种碰撞与磨合，毕业后的 Lady Bird 终于如愿以偿地离开了小镇，来到了梦寐以求的纽约，成为硕大都市里无足轻重的小小尘埃。被问到名字的时候，她长舒了一口气，念出了自己的原生名字：Christina.

青春期的执念与别扭，在这一刻瓦解。

我突然意识到，我们中的很多人，都曾是"Lady Bird"，因为不能接受本来的自己，试图远走高飞，离开就是自己的目标。而离开之后，在异地他乡生活成长，退一步反思与父母和家乡的关系，也就真正释然了。

我想，成长也许会有一个漫长的接受自我的过程——不仅仅是"我"的个体，还有与生俱来的种种因素：姓名、家庭、父母、故乡。

故乡是这样一个地方，你有千万个理由讨厌它，但你没法讨厌、不能讨厌。

假期结束返回上海的时候，在高铁站的候车厅，我老远看到爸妈挤在车站的玻璃窗外向内张望。一回头他们就热切地朝我招手。走了很远，回头还能看见他们在招手。

故乡对于我来说，或许意义不在于改变，也不在于回忆，而是存放我们关于人间温情的感受。

每年的春天一来，我的心里总是蠢蠢欲动，觉得会有什么事要发生。但是春天过去了，什么都没发生。

但有些地方，离开了，便再也见不到它的春天了，却又常常想起它的春天。

不被浪费的人生

　　墨西哥旅程的最后一站，在瓜纳华托，我们逛到了一家卖墨西哥土陶制品的小店。店主是一对老夫妻，在世界各地旅居过，能讲基础的英文——这在墨西哥小城里简直是奇迹。老奶奶声音细而甜润，举止神态像个纯真的小女孩，老爷爷总是宠溺地看着她。小小的店铺满当当，也显得格外温情。

　　逛店的时候，男友手滑，没接稳一只酒壶盖，捡起来再看壶盖已经碎成了两半。老奶奶闻声赶来，心疼地捂住胸口。我们说："我们会买下整只酒壶的，反正也喜欢，瓶盖黏起来还可以用。"担心老奶奶不一定听得足够明白，我们重复说了好几遍。

　　她看看我们，想了想，慢声细语地告诉我们，她不想让我们为自己的过错买单，希望我们能在这里挑一件完美的作品。但我们俩执意要买下这只被摔碎的酒壶，双方拉锯了好一会儿，老奶奶拗不过我们，最后亲吻了一下被摔碎的酒壶，为我们包了起来。并且坚持让我挑了一些零零碎碎的小礼物，结账的时候几乎打了一半的折。

　　我们觉得实在不好意思，于是跟她讲："礼物我们收下了，但请不要再为我们打折了。"老奶奶拉拉我的手，特别温柔地解释说，常有客人摔碎瓶盖，但好多人推卸责任，甚至扬长而去，让她十分心痛。每一件作品都是她心爱的宝贝，而我们给了她最大的善意和尊重，她很感激。

临走之前，她给了我们一张名片，认真地写上：2017/11，Thank you.

后来男友郑重地把这张名片放在自己的皮夹里，说，想要把那些闪光美好的片段带在身边。

走之前我跟老奶奶一起拍了张合影，拍照前她取下了自己右手的石膏，拢了拢头发——一辈子爱漂亮的人总是可爱的。

这是旅行中的一件小事儿。在完全陌生的城市，艰难的语言交流，隔了好多个时代的年龄差，但心境却是温暖、真实又饱满的。

在墨西哥，遇到的人似乎总是很好，并非旅游业发达地区呈现出的专业服务精神，而是发自内心的因为过得愉快而散发出对整个世界的善意与热情。他们爱笑爱玩，每个人迎面走来都挂着那种大都市里少见的爽朗高兴的笑容，不吝于与陌生人分享自己的喜悦。

抵达小镇瓦哈卡的第一天，我们赶上了镇里的民族舞会，这里随处飘扬着清婉欢快的音乐。每个人都穿得隆重美丽，女人的头发粗黑浓密，编成麻花卷绑在头顶，尽情地旋转舞蹈，彩色蓬蓬裙在石板路上飞扬。

那个小镇，四面环山，每一栋房子都是绚烂明丽的颜色，组合在一起好似打翻了的油画盘。又是在黄昏，夕阳给远处碧高的天、苍翠的山镶了一道波光粼粼的金边。满世界沉浸在一种庆典特有的快乐气氛里。

我们两个异乡人，在一旁傻傻地站着，受到气氛的鼓舞，也跟着喜上眉梢。坐在教堂门口台阶上的本地大伯往旁边挪了一挪，笑盈盈地示意我们也坐过来一起看。

当地人热爱音乐与艺术，就像是和吃饭、睡觉、呼吸一样自然而然。他们没有形成像欧洲发达国家那样精细严苛的商业模式，纯粹地只用这天然的艺术细胞来自娱自乐。

比如家家户户为自己粉刷墙面，每一户的门、天花板与墙壁均是色泽浓郁的壁画，我见到了他们作画的过程：看起来农民模样的中年男子，站在椅子上只用一把刷子就大刀阔斧地涂起来，信手拈来，过几天再去看，便是一副完整绮丽的画。

再有，所至之处，没有一个地方没有音乐。印象里比较深刻的几次，是在墨西哥城某个顶楼的公寓，有人站在阳台上唱歌剧，没有话筒，但声音的穿透力极强，像来自遥远的山谷般刺破空气，整条熙熙攘攘的步行街也因此安静下来。还有瓦哈卡的人类学博物馆，高大空旷的长廊里，有一场不知道主题的钢琴演奏会，空灵的琴音在古老的博物馆里悠悠地飘荡。小镇里，每走几步就能遇到的流浪艺人，他们拉手风琴、弹吉他或唱歌，曲风明快，不带一丝哀愁，脸上也挂着明显的笑意。我虽不懂音乐上的技巧，但感觉有一种生动活泼的好听，比我听过的很多端端正正的演奏都动人。

墨西哥人人都是半个艺术家。因为所在之处充满阳光、植被、色彩和鲜花，就连便利店的饮料柜里都夹着玫瑰。

去买一支玫瑰花，脑子里冒出博尔赫斯的诗："我给你，早在你出生前多年的一个傍晚看到的一朵黄玫瑰的记忆。"

拉丁美洲的人，有着罗曼蒂克的信仰。

再说一件小事。

墨西哥小镇的路很窄，我偶尔跨过马路，在对面拍照，路过的车辆总会停下来等我拍完。他们常常从车窗里探出头，朝我微笑，再夸上几句："好看，多拍几张吧（我在墨西哥学会了这一句西班牙语）！"路人也爱帮忙出主意，用手比画着：往前走，再往右，那里有很多漂亮的地方适合拍照。

若是走到人群喧闹的地方，看见相机，人们就会自发散开。在堂吉诃德广场上，一帮在喷泉旁玩水玩得尽兴的小朋友，见我们要拍照，便马上牵着手走到一旁，腾出空地来。其中一个眼睛黑黑的小姑娘还仰着头跟我说："你真好看。"

我在墨西哥只待了两周，虽然语言交流障碍重重，却没什么困扰，整个旅途都非常快乐，又远远胜过快乐。我可能在书里读过，或在电影里见过，但从没亲身感觉过，原来生活是可以这样的。艺术可以拿来挥霍，做什么都不着急，不需要证明些什么，高高兴兴的就好。

我与好朋友说起这种感受，她说："是，每到这个时候，就觉得我们很多人的人生是被浪费的。"

人生的形态有那么多种，我好喜欢他们这种。

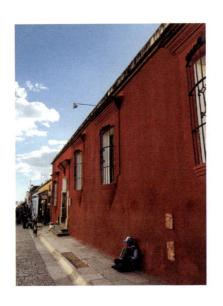

你也在这里吗?

爱情片不好拍，很容易陷入一种扭捏的陈词滥调里。仿佛爱只有破碎了才深刻，因此世人歌颂爱之悲壮，却不讲这爱的琐碎细节。理查德·林克莱特想必是很懂爱的人，才能耗费十几年的光阴拍爱的颠沛流离、激情与平淡。

BBC 在 2005 年拍摄的纪录片《两性的奥秘》中，用科学解读爱情，得出结论："爱"是大脑的一种内建机制，释放出多巴胺、肾上腺素和加压素，这些神经递质传播快乐、信任以及性兴奋，使人感到幸福和振奋，同时也使人关闭理性评价系统。而这种化学作用最多不会维持 3 年，便会消失殆尽。

所以从科学上解释，爱是大脑的失常，平淡才是常态。

倘若是十分浪漫的人，无法下沉至庸常的生活里，长久的爱便是水中幻影。梁文道在《我执》里谈论爱的哲学："情人就是不在身边的人，就算在，也永远消除不了他游离他方的幻觉，与自己被留在原处无法追随的惆怅。"

这点触动了我，人们总说"爱是想要触摸却又收回的手"，爱情的本质或许正是求而不得，有着悲伤的底色。所以情歌总在唱着离别，刻骨铭心的爱情故事里也多少有撕心裂肺的成分。无法满足，无法穷尽的爱，才得永恒。

但我们就是会前赴后继，不放弃任何遇到爱的机会，哪怕会遍体鳞伤，也想要体味那种苦痛。古龙在小说里写道："纵然在无人处暗弹相思泪，也总比无泪可流好几倍。"怀念爱的时候，有时也是怀念四分五裂、全情投入的自己，人有多少次机会为爱勇闯天涯呢？

想起一个很早的八卦，很多人说，大明星只爱自己，哪里会有多余的情意去爱别人。那些源源不断的撕心裂肺的情歌不过是在感动自己，想到自己曾经如此痴情，也是一种爱的印记。

所以我喜欢反反复复看理查德·林克莱特的《爱在黎明破晓前》（*Before Sunrise*），爱的三部曲开篇，讲述爱的诞生，心动瞬间的迷恋。没办法，比起那些有关爱之相处相守，还是迷恋爱发生时蝴蝶在心中飞舞的颤动。

年轻的男孩女孩在旅途的火车上邂逅，临时决定一起在维也纳游逛一天。两个人彼此有好感，一起去了小时候来过的无名死者的公墓；河岸边的流浪诗人写了一首主题为奶昔的诗；喷水池边遇见算命的女人；胶片店的试听间，空间窄小，听到对方的呼吸，空气里都是暧昧的水珠，汗津津地荡漾。

最后他们告别彼此，约定再见。

"如果是你，要不要跟着走下那班列车？"我们常常讨论这个问题。

认真地想想，我还真会义无反顾地跟着跳下车，和喜欢的人一起走到日出天明。纵使我通常被认为是一个过分理性的现实主义者，但奇怪的是，唯独爱情这件事，每次发生都是昏天暗地、狂风骤雨，次次飞蛾扑火，比自己以为的叛逆炙热得多。

极端理性的人失心疯起来，更是百倍的纵情与投入。我事事规划、有条不紊，不接受生活的风险，爱来袭的时候却是毫无招架之力，双手一摊，任凭它汹涌而至。

那个时候觉得私奔很美的。事实上我的爱情并没有遇到什么实质性的阻碍，但愿意把自己想象成落难的苦命鸳鸯，要与世界为敌。难忘的是，在陌生城市的街道，静悄悄的冬夜，从城西走到城东，从霓虹闪烁的夜晚走到天空泛起鱼肚白的清晨，眼见着湖面清澈的月光渐渐消散，一轮朝阳蓄势东升，脚已经磨得通红，可心里觉得还是美。

"豁出去了！"总是要这样想，就像恐高的我第一次爬进过山车，"能怎么样呢？大不了就是死了"。把自己放进一个危险境地，已然嗅到了危险，而那是比恋爱本身更强烈的体验。我突然想到，最好的爱应该是末日之爱，就这样无牵无挂、无怨无悔、不求结果地爱吧，"大不了就是死了"。

爱情故事里有一则最打动我的是张爱玲写的小小短篇，村庄里 15 岁的女孩子，对门的年轻人走过来轻轻同她说了一声："噢，你也在这里吗？"她没说什么，他也没有再说什么，各自走开了。人生波折辗转，老了的时候她总是想起那个春天的晚上，那个年轻人的脸。

"于千万人之中遇见你所遇见的人，于千万年之中，时间的无涯的荒野里，没有早一步，也没有晚一步，刚巧赶上了，那也没有别的话可说，唯有轻轻地问一声：'噢，你也在这里吗？'"

这是我听过最荒凉也最动人的爱情。但你不能说，那一次的相遇不是爱。

于千万年之中，时间的无涯的荒野里，没有早一步，也没有晚一步，刚巧赶上了。爱是无法预测的。

它应该是很美又很轻巧的，不需要被期待，也不需要被计划。

都是那些小小的事，发给你看今天日落时的天空，夜晚路灯树影下捕捉到你的侧影眼中似有星光，读我的文章的时候忍不住脸上挂着的笑意，讲起一个笑话然后默契地空中击掌……

还有什么更复杂的呢？《爱在黎明破晓前》里我最喜欢的一段，是两位主人公钻进试听室听歌，一会儿我看到你，一会儿你看到我，两人眼神躲闪跟踪，却迟迟对不上。后来女演员朱丽·德尔佩说：那时我几乎要爱上男演员了，还好导演喊了卡。

来来去去，爱情不过是这些心动的闪回，是春夜桃树下那张年轻人的脸，老去后想起来，似微风又似曦光。

关于《爱在黎明破晓前》，有一点悲伤的是，我去翻主创的采访，发现这则故事其实有原型，导演理查德·林克莱特在费城遇到了心动的女孩，他们因为一张纸条相见。后来林克莱特就想到要拍一部电影，讲他们的事情，讲那种暗潮汹涌的浪漫情愫。

直到 15 年后，他才知道那个女孩很早就因为交通事故去世了，没有看到三部曲中的任何一部，因此也无法实现他们的约定。我想如果他早一点知道，会不会就没有这三部电影了？又或许林克莱特也曾期待过在费城的某个电影院，那个女孩正看着屏幕，眼里有泪光，也会想起他们邂逅的那一天。

可是都没有。他只能靠一遍一遍地回忆，想起那一天："噢，你也在这里吗？"

一年

春

春天是一夜之间来的。白玉兰不声不响地开满了整座城，迎面的风拂在脸上，热乎、柔软、微醺，白昼被悄悄拉长了，黄昏时刻月上柳枝头，可天还是碧蓝的，太阳和月亮一东一西地挂着，笼罩在一片软绵绵、轻飘飘的光里。夜晚也没有那种峭寒，轻衫薄粉地走在树影幢幢的街道，心里有再多不愉快，也被抚慰了、熨平了。

春日里，我想记录暗潮汹涌的光斑——傍晚时分，家中的夕阳，整面客厅笼罩在粉橘色的光线里，映照出一块块的菱形格子。窗外的绿树随着晚风摇曳，太阳已经下去了，但日光还流淌着，把晃动的影子一波波地投在墙面上，那是"后期印象派的最后一个傍晚"。

夏

盛夏时节，是上海的四季中最梦幻的时刻。绿树长得密密层层，不留一丝空隙，远远看去像图画里的青山。其中又以梧桐为主，老的租界区道路狭窄，房屋精小，两旁的梧桐树就显得格外旺盛茁壮，整齐叠加，犹如巨大的青色团扇，将这片小小的静谧的土地笼罩起来。

有一天傍晚，我路过东平路转角的小酒吧，里面热热闹闹地在露天花园挂满了暖黄色的彩灯，大声地放着一首极为欢快的法国香颂，恰好整条街都没有行人，只有我一个。我的脚步不自觉地停下来，听完了一整首。犹记得那个黄昏，天空是软糯糯的蓝和粉，小花园映照在粉橘色的云朵下，竟弥漫起了一些波光粼粼的水雾。

这座城市在很多静悄悄的角落，赠予着人们无价的礼物，而这一刻的幸运儿是我。

秋

秋天是老实人的手掌，和煦温暖、稳妥踏实。

我跟刚刚定居上海的北方朋友说："南方的秋是很短的，大约只有这两周吧。"她笑着讲："怎么回事？北方的秋也很短，你看这个时节你们还能穿单衣，而我们那边已经开始穿棉袄了。"

后来我才意识到，世界上几乎每座城市的人都觉得自己的秋季太短。秋天不像一个完整的季节，它更像是一个过渡，一种提醒。一旦步入了秋天，便意味着一年即将进入尾声，又有些什么将会消逝与离去。秋天让人产生思乡、眷念、怀旧的情绪，是心头浮现的一丝柔软。想起你，就会想起秋天；想起秋天，就会想起你。

冬

冬天我过够了。

它使人反省：生命除了陶醉，还有真实。

彩色的朋友

有一次和朋友 L 聊天，讲到择友标准，他斟酌了半天，最后讲："我喜欢彩色的朋友。"我愣了一下，觉得这个词用得精妙，彩色的人，是斑斓绚丽、层次丰富的，很难用一个平面的词来形容他，只能凑近细细地品，为其生命的底色中交织着的饱满光彩而惊叹。

有的人是一片白纸，一眼便看透了，纵然知道是个纯良的人，也很难走近深交。有的人是彩色的画，一笔深一笔浅，越亲近越觉得有趣，这样的人，脸蛋并不是最重要的，你总是能透过皮相喜欢上这个人破茧而出的个性。

似乎这也是我交朋友的原则。想到我的那些朋友们，我的脸上不自觉浮现出一丝憨实的笑意。从不相信世故的衡量标准，年龄、家世、职业、教育背景，统统都不重要，倒是那些听后一起扑哧笑出来的梗，一起天马行空想过的鬼主意，一起被外人疑惑不解而暗自相互握紧的手，才让我们在茫茫人海里找到一道珍贵的光亮。无论经历了什么，过了多久，他们的身上依然有那一点亮，远远便见到了，在暗处朝着我闪闪发光。不管多远，我还是要走过去，维护他们、爱他们，要为他们做些什么。

说起来玄妙，实际上不过三个字："聊得来。"我与你谈天说地，火花四溅、妙语连珠，你说的我都懂，我说的你也能体会，有种棋逢对手的快乐。所谓势均力敌，不过就是"聊得来"。

我交朋友，从来都是淡如水的——不是指平淡无味，而是细水长流、水到渠成。我喜欢轻盈的感情。

我不喜欢那种称兄道弟的友情模式，成天把肝胆相照、两肋插刀挂在嘴边。天天轰轰烈烈、上刀山下火海，那样也太吃不消了。我怕沉重又严肃的爱，谁要对谁负责任一辈子似的。喜欢人家，对人家好，是自己的事，不要给别人带来负担才好。

用不着说什么亲密的话，聊得来就是默契的认证。在这点之上，便是缘分和相处的时机了。

好友 Z 是工作后遇到的为数不多的好友，认识了很久才约上面，一连约了四五次才见到——可见起初对对方都兴趣甚浅。我们俩讲话都很密集，需要见缝插针地抢话头，一层浪盖过一层浪，很有火花四溅的畅快感。

我俩都是文字工作者，是大家眼里的"文艺派"，但聊起天来，频率最高的一句话竟是"我笑死了"。

时时更新"我笑死了"的新素材：

"我笑死了，楼上水管爆裂了，我正在拿醒酒器接水。"

"我笑死了，有个朋友怕蛇，所以她进不了宝格丽的店。"

"我笑死了，算命的说我 93 岁会结婚，希望你能挺住，来参加我的婚礼。"

"我笑死了，你自己都不减肥，为什么要逼着猫减肥？"

Z 有次失恋，在微信里嘤嘤地找我哭诉，我说，出门见。然后我随手带去一个摔坏的杯子，掏出来给她："喏，失恋礼物，这个断掉的杯子，象征着你破碎的爱情。"Z 顺手盖了一个绿纸盒上去说："那这个就是我的绿帽子。"

"笑死了。"我们扑哧笑出来。

年轻的生命里，失恋根本就是连号都排不上的烦恼。"每天只准诉苦 10 分钟，你不能沉湎在痛苦的海洋中当作一种享受，朋友的耳朵耐力有限，请原谅。"《我的前半生》里唐晶这样告诫自己最好的朋友子君。我举双手认同，朋友是成长中的光，不是承载全部重量的阶梯。

我们认为，交朋友的基本衡量标准是可不可以在同一维度感知快乐与悲伤。我们看到的世界虽不相同但广度一致，我们站立的地方虽不相近但高度一致。

Z 为此编了一个名词，叫作"降阶烦恼"。我们拒绝降阶烦恼，因为人无力承担早已被自我成长淘汰掉的喜怒哀乐，友情也不可以成为精神倒退的借口。

只要还在同一维度、同一频道上运行，那么个体的差异都会成为彼此交往的乐趣。

对待朋友，我还有一条原则：思维开放、无偏见，要对世事持开明包容的心态。我和朋友们分别长在不同的环境下，所经历和见到的一切都不尽相同，但我们彼此心照不宣，从不妄加批判不同的人生，更不会掺和其中，不会像很多电视剧里演的那样——在相互的人生里彼此缠绕，对别人的私事指手画脚，要么两肋插刀，要么你死我活。

这一点我真不喜欢，我们身边，人情关系往往有一点溢出来的热情——没有独立空间的、不换位思考的、擅自主张的黏腻。我觉得，对朋友不要有过多要求，要给予宽容之心，在必要的时候能帮上些忙便好。这种感情轻松平等，越平等、越稳定，才能产生真正的灵魂碰撞。

在处理朋友关系方面我最欣赏《欲望都市》里的萨曼莎，当她发现好友凯瑞感情处理得乱七八糟，甚至违反"道德准则"的时候，面对凯瑞的羞愧难当，她笑着对凯瑞说："亲爱的，我不想评判你的人生。"有一次她决定用自己所有的力量帮助一个看似只会逢场作戏的落魄帅哥，人家真心感激她，萨曼莎淡淡地说："不用的。"她做好了别人随时忘恩负义的准备，所以并不对人性抱有过高期待，只是做了当下一定会做的事，用一片赤诚坦荡的心与人交往。

这是她的分寸感——诚挚包容，有情有义。

朋友之珍贵，是纷繁世间最宝贵纯粹的感情。从某种意义上也是对人生的二次选择，朋友多少会反映着你想成为的那种人的某个侧面。

如今和很多朋友都不在一个城市生活了，但说来也奇怪，我们从来都懒得问对方："你在哪里，你那里现在几点，你过得还好吗？"却随时可以接上话题，偶尔打开聊天框，还是能迅速热起来。需要他们帮个忙，也总是能第一时间得到回复："没问题，我帮你！"

我总是习惯性地同身边人说起："我有一个特别聪明又美丽的朋友，如果是她，一定会这样解决这个问题……"

"她从前告诉我一个道理，我觉得很管用……"

"我们可以试试她的方法……"

朋友们虽不在身边，却以这样潜移默化的方式浸入我的生活，无形中给了我很多处理问题的灵感和坚持走下去的力量。

前天我去找这个美丽聪明的朋友聊天，她却同我说："甚是想念你！身边没有像你这样爱憎分明又妙语连珠的人，简直像女侠一般。"

我笑出声。

竟未察觉过，大家彼此彼此，可能都觉得能从对方身上得到很多。也没有刻意向对方学习，但好朋友之间的种种影响，那些光亮相互叠加，不知不觉让我们成为今天的自己。

我信奉所有的感情都该顺其自然，天长地久并非唯一的衡量标准。我们在一段路上一起走过，路口挥挥手各自向前，又在更远的人生中，拥有了被这道远处投射来的光唤醒后豁然开朗的勇气。

我要这一生所有的情感都轻轻松松，稀疏平常。不要歌颂，只要自由。

　　三毛以前说："如果能和自己做好朋友……可进可出，若即若离，可爱可怨，可聚而不会散，才是最天长地久的一种好朋友。"我希望，与每个好朋友的相处，都如同与自己相处，淡如水。

穿衣记

　　我自小就很爱漂亮。那时候有一种说法是，女孩子不应该太留心穿衣打扮，免得心思活络，最好头发剪得短短的，大家都整齐划一。但我一向敢留披肩长发，并且花很多心思在穿衣上。我唯一的筹码是功课都学得很好，常常拿第一名，使得老师家长干脆睁一只眼闭一只眼，随我去。

　　花心思是指在我那少得可怜的衣橱里左一件右一件地挑拣，但横竖搞不出几套合心意的搭配。有时候期末考试之前，还迟迟不能出发，我妈探头进来问我在磨蹭什么，见我正对着摊在床上的衬衫白裤和棉布连衣裙发愣，然后愁眉苦脸地问她："我该穿哪件去？"我觉得期末考试的考场往往按照年级成绩排名划分，也就意味着是新的环境了，那么自然要穿新衣服。也不知道是什么样的驱动力让我严格遵守这种不成文的着装规定。

　　20世纪90年代还不盛行网购，我们那个小城市更是不折不扣的时尚绝缘体。纵然我已经费尽心机，奈何巧妇难为无米之炊。我始终记得，那时候流行一种灰调的咸菜绿和黄土地般的棕褐色系——也许只是在中学校园盛行罢了，借此打压青春少女想要出众的"野心"。我的皮肤天生暗沉，20世纪90年代的流行色让我觉得自己常年灰头土脸，像天天在泥巴地里打过滚。

可恨！

冬天的选择更少，中学时代有一件深红色的短款棉袄，穿了大半个冬天，好像不管怎么穿冬天也不会结束似的。我觉得穿同一件衣服的昨天和今天并没有什么差别，日子冗长又迟缓。我对春天乃至长大的憧憬完全来自对新衣服的期待。

后来读大学、读研究生，再到工作，渐渐有了自己的小金库，我就悉数存起来买衣裳。我觉得饭可以不吃，但衣裳不可不买。

最快乐的是来到英国之后，人人穿衣有派头，整座城市都摩登潇洒，他们很尊重美。又有数不尽的古着店铺，彻底打开了我贫瘠的视野，原来我穿欧洲 20 世纪 50 至 60 年代的衣服竟这样服帖好看！况且二手衣很实惠，最适合囊中羞涩的大学生。每每穿去校园，连巴黎的同学都称赞我的衣服别致，是少见的风格。

学时尚专业的时候，我为大家做课堂演讲，讲述东伦敦复古集市的田野调查，并穿了一件此地购得的白色皮毛大衣进行现身说法。我们的教授被这件大衣惊艳到，为此讨论了半节课。那是一件 60 年代的束腰皮衣，敞开的领口连带衣边、衣角均是云朵似的绒绒的白羊羔毛。我搭配了一条亮面的宝蓝色低胸真丝长裙，裙角拖拽到地面。蓝色是夜空，白色是云，走动的时候，便是流动的夜。

还有一次在牛津大学参加正装晚宴，第一次发觉女人的衣橱里需要有一件真正盛大的晚礼服。尔后买了人生中第一件礼服——

一条挂脖露背的黑色鱼骨裙，烘云托月地勾勒出背与腰的线条，再沿着背面的凹面镶嵌细细闪钻，如一簇徐徐绽放的丁香花。我被这细小又丰盛的美感动了，纵然当男人有千百种好处，但为着这条裙子，我心里还是觉得做女人更胜一筹。

这种热烈的喜好阴错阳差地奠定了我最终的研究生毕业论文。我们所学专业是文化创意产业，研究所有的当代文化领域，当大部分人关注热门的社交媒体、当代艺术话题时，我另辟蹊径地选择了文化领域里细小的分支——伦敦古董时装购买行为调查分析。花了将近半年时间泡在复古集市和店铺里，跟店家和顾客聊天，采访当地博主和品牌。导师大约也是被我的论题逗乐了——怎么会有人靠一腔热血的买衣热情写出了几万字的学术研讨？因此大手一挥，给了我一等荣誉的高分。

长大之后，误打误撞真的加入了时尚行业。从此童年的烦恼正式一笔勾销，如今可以光明正大地拥有整个屋子的衣服，按照颜色、款式、材质细细分类，不断扩充，美其名曰工作所需。心里自是欢喜得不得了。

我的穿衣哲学，深受张爱玲的美学熏陶，四平八稳总归是不可爱的，非得别出心裁、出古出奇，才算得上穿衣服。衣服里有想象力、有情绪、有力量，就好比作画。我要穿着博物院的名画到处走，遍体森森然飘飘欲仙。

我最不要做朴素的人。童年时代有一次被陌生人夸赞"很朴素"，走回家的路上越想越委屈，眼泪扑簌簌地掉，决心再也不要穿身上那件泥巴色的袄子。不想在穿衣上做朴实收敛的女孩子，我喜欢大红大绿、浓油赤酱，要像梵高的画，不要做莫兰迪。

有时朋友们走进我的衣帽间，会"哇"的一声惊叹起来："你的衣服挂在一起倒像剧院后台，夸张的戏服密密麻麻堆在一起，马上就要跳上台演出。"

我想，生活本来就是一场戏剧，衣服便是重要的道具。我喜欢的生活鲜艳有滋味，大红大绿，活色生香，衣服也同样。

那些压抑着的齐整乏味的青春时代真是噩梦，他们为什么总喜欢斩断女孩最初的想象力呢？对衣服麻木了，此后一生便对美麻木了。因而想到这个时代的建筑、音乐、文艺、城市景观……很多质感上的缺陷，也许与少年时代广泛接受的清心寡欲的美学教育有很大关系吧？

还好我已经长大了。长大的乐趣并不多，很多的好处都遗失了，唯有一点还令人振奋——今天有新衣穿。

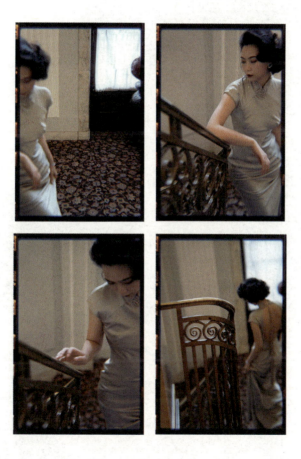

亲爱的，文森特

终于还是来到了阿姆斯特丹。12月31号晚上在伦敦临时定了第二天的机票，然后在新年的第一天抵达。

在阿姆斯特丹住了4天，竟没赶上这座城市的好天气。持续的阴雨，让我每天早上出门都很悒郁。

不过这座城市很可爱的一点是，几乎每一座建筑、每一条街道的头顶、每一棵树上都缠绕着暖黄色的小灯，在晦暗的天色里散发着微弱又温柔的光芒。

阿姆斯特丹的水道像蜘蛛网一样密布，上百条运河将这座城市分割成大大小小的拼图。我很喜欢沿着运河而建的那些尖顶小房子，歪歪斜斜的，不同颜色、不同形状，无规则地相互交错，远远看去像笨拙地搭出来的积木，也像是格林童话里的小矮人，肩并肩地倚靠着。

夜晚走在运河边，空气湿润，月亮的倒影在运河里荡出一层层怅惘的波纹。

这样走着，就想起了那个人的名字：文森特·梵高。

抵达的第一件事，便冒着大雨乘公车去了梵高博物馆，瞻仰他的 200 幅画作和全部信件。

梵高一生的画作，总是在变幻中的。在纽恩南，他习惯用昏暗的大地色调描摹农民的脸和农作物；前往巴黎，受印象派和浮世绘的影响，才开始采用明亮的色彩和短促的笔落；住进阿尔勒的黄房子，画风越来越松弛，画罗纳河上的星空、茂盛的果林、海上的船只和收割麦子的农工；与高更同住的时候最为热烈，为好友画出了蓬勃生长的向日葵；在圣雷米的医院，他画出了一生中最多的植物：藤蔓的树木、杏花、麦田、柏树，还有浮动的《星空》。

并非像大家普遍认为的，《麦田群鸦》是梵高的最后一幅画作，梵高博物馆里展出了另一幅未公开过的《树根》——这幅画并未全部完成，只有深埋土壤间错综交缠的树根，彼此缠绕，非常混乱，不知起点与脉络，上下颠倒——画家似已进入神志不清的状态。

看梵高的画，好像看电影，有波动着的情绪，每一种植物、每一笔颜色都很剧烈，很难心平气和地参观完整个博物馆，总是要在中途停一停，才可继续下一个章节。

很多人都知道梵高是个悲情人物。穷困潦倒、父母冷落、友人离去、被排挤驱逐、被小孩子欺负，前半生一事无成。晚年长期遭受精神疾病的折磨，但他生来比普通人更为敏感，时时与内心的折磨抗争。

但你看他的画，却是朴实纯真的，色彩明亮，充满了热切的生命力。世界待他吝啬刻薄，他却回报以质朴友善的目光。

他有过很快乐的一段时光，那时他邀请高更来阿尔小镇作伴。等待高更来的时候，梵高用最明丽的色彩画了为高更布置的黄色卧室，卧室里摆上一瓶向日葵——这也是他画的第一幅向日葵。梵高如此崇敬地爱着这位朋友，而两人个性迥异，同住不过60多天，这段友情便惨淡收尾。

高更离开之后，梵高的精神愈发不稳定，用剃刀割下了自己的左耳。

这是我感到很难过的故事。梵高的脆弱敏感，很大程度上来自强烈的爱，爱绘画、爱朋友、爱生活，他的爱又那样不合时宜，从未有过回响，这是世间最大的悲伤。后来梵高自杀离世，高更在塔希提岛画了一幅《向日葵》，画得温婉又哀伤，与梵高热烈的向日葵完全不同，更像是某种忏悔。偶尔我又觉得，这其中也许还掺杂着思念。

以前有一种观点，人们认为是疯狂造就了梵高的天才，唯有疯子的目光才会这么敏锐决绝。我讨厌这个说法。我不愿相信他只是因为疯和绝望，才取巧地描摹出这样炽烈饱满的颜色，反而是因为全身心地热爱生活。

在梵高博物馆，我的猜想也得到了验证，导览一步步地追寻着梵高的笔触与成长，并不断重复：精神的病痛不是梵高天赋的来源，恰恰相反，正因为他努力与疾病斗争，努力地爱着生活。

他所拥有的一切都不是一蹴而就的，我们不可以忽视他超乎寻常的努力。

博物馆也展出了梵高写给弟弟提奥的信：

"当我画一个太阳，我希望人们感觉它在以惊人的速度旋转，正在发出骇人的光热巨浪。当我画一片麦田，我希望人们感觉到麦子正朝着它们最后的成熟和绽放努力。当我画一棵苹果树，我希望人们能感觉到苹果里面的果汁正把苹果皮撑开，果核中的种子正在为结出果实奋进。"

你看，他的眼睛能看到正在发生的世界里最美好的萌芽，留意松树的影子，天空中的风，夕阳的颜色。他喜欢这些事物的细节，并为它们感到由衷的快乐。生命的任何最细微的细枝末节，于他而言都不曾渺小简陋。

或许唯有这个另类的"疯子"才是以正确的态度面对世界吧？我们绝大部分所谓的"正常人"，只是习惯了冷血和麻木，将一切发生着的美好拒之门外。

值得被世界爱着的人早早被生活击垮，而留于世间的大多学不会抬头看一眼月亮。

生前的梵高人人唾弃，在奥维的麦田里潦草地结束了生命，死后却声名大噪。无数人因为他一夜暴富，收藏交易他的作品成为上流社会财富流通的方式。他泣血的作品被印在种种或粗糙或精美的消费品上，有的价值连城，有的唾手可得。

　　讽刺的是，文森特·梵高，这个温和善良还有些孱弱的可怜人儿，在生前对自己的认知竟是"一个无用的人，一个反常与讨厌的人，一个没有社会地位而且永远也不会有社会地位的人"。当然，这些并不是他在乎的事，他的心意是"用我的作品昭示世人，我这个无名小卒，这个区区贱民，心有瑰宝，绚丽灿烂"。

　　他真的做到了。

　　也许他会高兴，世界上每一个卑微如蝼蚁的人，如今都能看见他的画，哪怕是以最俗不可耐的方式，但总会有人在他的画里见到瑰宝，感知生的力量。

　　我不知道，世界上还有多少像梵高这样的人。他们的心里也曾装着彩虹和星空，却被尘世打磨成一片废墟。世界就是这般残酷，越是在你灵魂里闪闪发光的东西，就越脆弱和不堪一击。唯有你用力抗争，做出足够的牺牲，才算真正拥有它。人生从不完整，其中充满了取舍。

　　内心荒芜的人，往往很容易快乐。心里有梦的人，才会疼痛和折磨。但或许那才是活过的痕迹。如果生活中不再有某种无限的、深刻的、真实的东西，人间还有什么值得眷恋的呢？

　　文森特·梵高，他并不惧怕死亡，他曾在收割者的手里看见死亡，然而那景象并不可悲，一切都沐浴在阳光之下，闪耀着金色的光芒。死亡让他朝着星海徜徉，他早早地去往那一片繁星，温和且平静。

在博物馆看完梵高一生的画作，导览的声音从耳机里传来："今天你们能来到这个博物馆，也实现了他的一个小小愿望——他希望他的一生不只是为自己作画。"

突然觉得鼻子发酸，眼眶湿润。

但我们都知道，直到最后一天，文森特·梵高都很用力地爱着生活。

沙漠的柔情与可怖

出发去腾格里沙漠的时候，已是下午 4 点左右。西北的太阳灼热强劲，硬邦邦的，日头下稍站十几分钟，便觉得浑身发烫，转而有疼痛感，因而人们总是选择在黄昏之前才赶去沙漠，以免被阳光灼伤。

我几乎都快想不起来这样热烈夯实的日光了，今年南方的梅雨季格外漫长，那雨下得毫不干脆，滴滴答答、黏黏糊糊，每日被蒸腾的水汽捂在身上，充满黏滞感。往年不过两周的雨天持续了近一个多月，整个色调仿佛歌里唱的那样——天空灰得像哭过，叫人情绪躁郁。

更可恶的是，我因此增加了许多倍的工作难度。往返于几个城市寻找可拍摄的地点，几天下来都没怎么合眼。前一晚从杭州冒着大雨赶夜路回家，心想：日子再也不能这样过下去了，得找个地方烘干自己这潮湿颓丧的身心。

于是连夜重新打包行李，清早飞到了宁夏中卫，换了衣服就风尘仆仆地赶去沙漠。

偏巧载我们去沙漠的司机瞿师傅也是南方江浙一带的，张口便是熟悉的带有吴语口音的普通话。我与他讲南方的天气恼人，他说：晓得呀，天天下雨真受不了。我在此地生活 5 年了，太好了，简直乐不思蜀。

瞿师傅原不是司机，只是酷爱旅行与摄影，被西北壮丽风光迷住，便在此地扎根，并带头开发出很多新型旅行项目。他说："载你们去我也高兴，又多一次拍沙漠的机会，总归多多益善。"

因着黄河水位上涨的缘故，原本跨河的浮桥不能再行车，我们足足绕了两个小时，下午 6 点多才到达沙漠脚下。

刚抵达便听到坏消息：沙漠风沙太大，不宜贸然前往，所有的沙漠项目可能都要搁浅。

我难免失望，千里迢迢赶来，代价实在太大，如果看不到，此趟旅行岂不白来？马上脸就拉了下来。

瞿师傅和当地工作人员倒是不以为然，因为这种事并非罕见。"沙漠很阴晴不定，你要享受它的浪漫，也要承受它的恐怖和多变。"瞿师傅讲，"没有人能一次观赏到沙漠的美景，譬如想看星星须得在农历月初，晴好云少的天气；看月亮又得在月中，有月亮则星少，有星星便没有圆月。"

后来僵持了一会儿，工作人员决定让我们先坐吉普车上沙漠看一眼。

车辆驶进沙漠，翻过一个个耸起的沙丘，果然大风阵阵扬起沙尘，加上烈日当头，还真有点恐怖的意味。瞿师傅说："戴好围脖，捂住口鼻，你们也可以下车看看，只是不要带相机了，免得镜头进沙。"

我跳下高高的吉普车，光脚踩进沙地里，竟有一种前所未有的被自然怀抱的踏实。沙漠中的沙粒极细腻软和，有些像珍珠粉末。细沙迅速劈头盖脸地兜过来，风将人吹得直往一边倒，我只能背对着风往前看，一步也动弹不得，长袍也被风灌满，我好像一面旗帜似的直愣愣地立在那里。除了向远处望去，什么也做不了。

不消几分钟，便被烤得大汗淋漓了，于是我们钻进车里往回赶。一上车便发现发动机打不着了，我们的车身歪歪斜斜地陷在沙子地里。这下车里车外一样焦灼了，体感温度几乎达到40多摄氏度，真不知要守在热腾腾的车厢里还是要下去吹风吃沙。

遇到这样的事，我反倒心态平和了，第一次来沙漠便遇到这大大小小的"历险记"，体验了其中"残忍"的一面，倒比原定的骑骆驼看日落更难忘些吧。

过了一会儿，救援队赶来帮我们修好了车，大家一齐返回，在营地里我得出结论：还是再等风沙过去，才更稳妥。

宁夏的太阳下山很晚，每日约到晚上8点之后日光才渐渐变弱。我发现白昼悠长地区的人，都有一种气定神闲的气质，心知有大把好时光可以挥霍，便不急于一时一刻。而我是天生的急性子，很适合来此地磨一磨。

8点左右的时候，我见营地的杨树已经不再东倒西歪了，于是兴奋地喊人领我们再进沙漠，他们估摸着时机也差不多了，便答应了我的请求。

这次的风显然柔和了许多，我也可以独自缓慢前行了。远远望去最高的一处沙丘，顶端似有落日余晖，我想一路向前冲，赶上落日奇景。只恨自己脚力太弱，爬坡过程步履蹒跚，很不矫健。

终于走到山顶的那一刻，一朵云拂过，不偏不倚地挡住了夕阳，只剩天边鎏金晕彩的薄暮。这一刻倒也不十分遗憾，只觉我在茫茫天地间，四野如幕，无边无际，心也变得沉静辽阔，有豁然开朗之情。

"要享受沙漠的浪漫，就要承受它的恐怖和多变"，我开始体会到这句话的意义。如果只有一切顺心的美好，那我便是一个乐呵呵的满足的游客。而变幻莫测、留有遗憾，是为与之相处的真谛。

佛学里讲："乐不可极，乐极生悲；欲不可纵，纵欲成灾；酒饮微醉处，花看半开时。"做事不必完美，乐也不用一次享尽。

落日几乎很快消失，夜晚的沙漠真正展现出它的柔情来。

虽然因为有风，煤油灯始终点不着，导致晚餐只能摸黑吃，颇有些狼狈，然而这风扫在人的脸上却是温柔轻盈的，与白天的风大不同了。因为风沙有幸"罢工"的骆驼们此刻懒洋洋地出来吹吹风，也算是"偷得浮生半日闲"了吧。

夜晚来临得极快，天色暗下来，更显得四周安静无垠，呼吸的声音都被放大百倍。工作人员点起了篝火，朦胧间能看到细沙缓缓流动，如细小的波浪般绵延不绝。

这半日与沙漠的相处，已让我对一切都随遇而安，给到我什么，什么便是好的。人群渐渐散去之后，才发现沙漠留给我的最后的惊喜：密密匝匝的星空。当地人指给我看：连成一片小勺子的，那是北斗七星！

越往后，星星越多、越密，也离我越近。我干脆躺下来看，被星空笼罩覆盖着，沙软而洁净，天空低而清朗，这是世间绝无仅有的浪漫。

也不知道怎么就想到聂鲁达的诗了：

我们甚至遗失了暮色。

没有人看见我们今晚手牵手，而蓝色的夜落在世上。

……

我记得你，我的心灵攥在你熟知的悲伤里。

又想到今年的南美之行彻底泡汤，本来此刻也可能会在秘鲁的沙漠中看异域的星空吧？一年一度的南美行，本是我与自己的约定，今年因为疫情关系被搁浅，下一次再去会是什么时候呢？世界会变得更加好吗？我不知道。

人生中第一次将自己置身在沙漠里，心中有喜悦也有哀思。

我开始理解有人为了这般景观，离开家乡，一待便是5年，只为领略它春夏秋冬四季变换。更有痴魔的，如三毛，只因看到一张撒哈拉的照片，勾起她"前世的乡愁"，便把爱人也"拐"去，定居在荒芜之地。

我觉得人和景确有气场相合这件事。譬如我在西班牙的安达卢西亚，墨西哥的南部小镇，也会冒出"我可能上辈子生在这里吧"
或是"似乎可以定居在这里"的念头。然而一回到上海，转瞬又
忘记了当时的情绪涌动，总归不是那种放浪形骸、极致洒脱浪漫
的人，少不得要为凡尘杂事忧心焦虑。唯有抵达那些有"前尘之缘"
的地方，才觉得心里汩汩地涌来感动，并追寻到一点灵魂的形迹。

　　我在沙漠里熬到最后一个出来，已经将近夜里 11 点了。车刚
刚开出沙漠，在漆黑的乡间小道，陡然遇到一轮黄澄澄的明月，
悬挂在低低的夜空中。

　　我问师傅："我这算不算很幸运了？在同一个夜晚，看到繁
星又看到月明。"

　　也算是有缘人了吧。

日记

2019 年的年末是灰暗的，好多我们喜欢的人一个接一个毫无征兆地离开。他们有些是那么年轻，那么美丽，曾经珍珠一样发着光的生命，仿佛失控一般，光线陡然暗下去，星星突然陨落。

有几位我曾经见过，甚至与他们讲过话，握过手，虽然不熟悉但也有一刻实实在在地感受过他们的温度。而且也恰好都是我喜欢的人，他们温柔亲近，声音好听，或者身上闻起来像糖果一样，回来讲给朋友们听，总还有些得意。与他们见过面后，会不自觉格外留意他们的新闻，会觉得是认识的，多了一层亲近，并且打心眼里希望他们更闪耀。

最不想的是，在这样骤然降温的冬天，灰蒙蒙的雨天里，看见他们突然离开的消息。

阴雨连绵的冬天，总是不太好的。

然后我自私地想，如果他们没有这么成功，这么璀璨，这么被万千人爱着或是关注着，会不会能踏踏实实地过完这个年以及之后的很多年？

但是我也知道，生命的脆弱和无常是永恒的，毫无情理可言，不因美貌、年龄、身份或地位而有所偏倚。

人生是这样，活着的时候总要铆足一口气，把"拼命"两个字挂在嘴上，要获得极致、要挑战极限，好像命不拼一拼就没那么光彩似的。可真的知道了生命的截止日期，大家都会如梦初醒——我要去做自己想做的事了，我还没来得及享受人生，我要好好爱一个人。

以前我也这么想过，如果一辈子活得庸庸碌碌，不如不要活了。但现在的我又突然觉得，我有什么资格去定义别人的"平庸"啊。很多我们以为的庸碌何尝不是历经千辛万苦后豁然开朗的自洽？一个人倘若能按照自己舒服的活法生存着，在这样混沌又艰难的世道中开辟出一条小小的道路，为自己找到安定和幸福，难道不是最大的幸运或者说智慧吗？

圣诞节快要临近，想起前几日看到的一则节日广告，为各式各样的人群打气：即使如何如何辛苦，也不要感觉疲惫，拼搏是你成功的根源，圣诞来了请你继续拼下去吧！

那个广告的表达方式和激情慷慨的配乐让我特别不舒服。在这个世界活着，难道不是已经足够"拼命"了吗？圣诞或新年，我可不可以让这条命获得一刻放松啊，比如卸下包袱，比如牵起家人的手，比如爱人的轻吻，比如朋友的拥抱。

一年中得至少有一个美好的节日，值得我们"不去拼命"。

在这个行业待了三四年，有时候真的受够了那种"不向前跑就会被追上"的论调，看到了大量在这种焦虑催化下的不择手段和弄虚作假，又或者是把自己全身心地投入到一种扭曲畸形的竞争当中。

我能想到的让自己快乐的方法，就是尽可能地抽离。追赶就追赶吧，还是按照自己的步调踏踏实实地行走下去好了。管它到了几G时代，如何流量至上，如何大数据铺天盖地，至少我还有一支笔，可以陪我走下去。

昨天一个好朋友给我发信息说，看到一条社会新闻，觉得很难过，觉得应该珍惜当下，好好爱自己，于是立马买下了心爱的鞋子。

我说，我也很难过，于是推掉了一些工作。最近埋头赶工，日夜焦虑，现在反省是不是应该让自己快乐一点。

朋友讲，工作能让人赚到钱也很快乐。

我说，不对，我想明白了，让我快乐的不是钱本身，是钱带来的能随心所欲说"不"的自由以及事业中的成就感。

所以能够坦诚地讲出"不要"，能有一点自私的权利，能真切体会到自己价值的实现，才是我现在想要努力工作和赚钱的意义。

写一写，就突然想到约翰·列侬讲的那个故事：老师问我长大想做什么，我说"做快乐的人"。老师说我不懂问题，我告诉老师，是他不懂人生。

我喜欢的电影《寻梦环游记》（COCO）里这样说，一个人真正地离去，不是死亡，而是被全世界忘记。那么希望这个世界上还留有一些柔软的角落，去盛放这些美丽的人们的温暖记忆吧。

　　还有一个月就到圣诞和新年了，会有很多祝福、期待和相爱，那些不切实际的理想、美妙的梦也即将发生。好希望他们能看到。

巴黎的型格

* 01 *
野鸭绒的垫褥

翻看黎坚惠的《时装时刻》，她讲到自己 30 岁之前辞掉工作去巴黎念法语，也没什么特别的原因，只是因为她觉得开口讲流利法语很有型。而且在巴黎的街道走路，随便拿个纸盒相机，拍出来也像电影剧照，阳光都会替游人镶金边。

这点我真有体会，那种毛茸茸的金边洒在脸上真好看。随便穿什么——一件 100 元的棉布裙，绑一个松软软的麻花辫，碎发卷卷地贴着两颊，这样拍出来的片子就已经让人拍手叫绝了。后来我在家里翻手机，瞄到自己在巴黎的照片，还会反复欣赏、自我陶醉。讲什么法式时髦的秘诀，不过就是一条：要有这巴黎的风和光。

巴黎的夏日，不可思议的悠长。

那时我住在玛黑区，有一条安宁的小街叫圣保罗街，靠着塞纳河左岸。街道小而古旧，整条街都是一户一户的古董店，推开木门会发出钝钝的嘎吱声响。店主通常是上了年纪的老人，店铺布置得像走进文艺复兴时期。周末他们在小广场上搭出的临时市集上，有我非常喜欢的色彩斑斓、花朵蔓延的异形花瓶，于是走过去问价格，老爷爷笑嘻嘻地讲："今天是星期天，天气又好，所以你有权利随便开价。"

窗外的一栋楼，估计有几百年历史了，灰色粗糙的墙上砖片已经剥落，显得格外清冷肃穆。窗户是古典派油画的式样，白色纱帘被风微微吹起一角，仿佛时光滔滔地流，其中的故事只好欲言又止。

巴黎，尤其是夏天的巴黎，会时时刻刻让人想起恋爱的氛围。

"这堵墙，不知为什么使我想起地老天荒那一类的话。……有一天，我们的文明整个地毁掉了，什么都完了——烧完了，炸完了，坍完了，也许还剩下这堵墙……"再路过这面墙，又想起这段话来，如果心里有一段重创的情伤，此刻也会慢慢被巴黎抚慰。

顺着圣保罗街向前走不到 50 米，就到了塞纳河的左岸。周末去的时候最热闹，所有人席地而坐，人们挨着挤着，一路延伸，从这座桥延伸到那座桥。音乐和笑声混合在一起，从未停止过。恋人亲吻，友人相依，城市照耀在毛茸茸的金光里，每个人的皮肤都散发着丝缎般的光晕。

我的短裙几乎只盖得住大腿根，也毫不在乎了，躺在热得发烫的石板路上。我胸口抹了亮晶晶的高光液，金黄流沙似的。涂一点在锁骨，不够；再喷在所有裸露的肌肤，贪心地想要把塞纳河的璀璨流光一并留在身体上。

这样的短裙我在上海是不会穿的，仿佛巴黎给了我某种大胆的许可证，所有不合理的、暴露的、可能会显得"低级"的要素，在此处泛着水汽的曦光里，变成了另一种形式的浪漫和时髦。

讲到大胆。来巴黎之前，我听到很多关于当地治安差的警醒，每到夜晚必是足不出户。直到经历过一次疯狂的夜行，和同行的女友 J 微醺后挥臂高呼："让我们在巴黎做点真正疯狂的事儿吧！"彼时半夜两点，我们在巴黎的街道上询问路人："告诉我这里最酷的地方是哪里？"然后一晚上被随机的巴黎人指路，辗转了多家地下舞厅。很多漂亮的巴黎男孩子跟着我们一起，一路告别，又一路遇到新的伙伴加入。

最后误打误撞地闯进了一家层层安保的名叫变装皇后的会员制会所，怎么闯进来的？也是借着酒胆，撒娇扮痴，保安笑笑，手一挥说道："放她们俩进去吧。"

这家极其私密的会所，藏匿在层层旋转楼梯的地下 7 层，四面均用玻璃制成，踩在自己的倒影里，光怪陆离，散发着诡异的奢靡气息，人们似乎借着暗号出入，有一套自己族群的语言体系。

我和 J 被这副鬼魅的场景摇晃得清醒起来，也觉得自己荒唐了，随即大笑着往外逃。

回来后我们躺在床上聊天，摇着脑袋笑，没想到会在巴黎这样疯起来。

疯疯癫癫的日子，也不是常有的。走进巴黎，就有微醺感，想把性格中全部的克制都扔到一边，纵情忘我。

有一天我们在正对着埃菲尔铁塔的露天餐厅 Café de L'Homme 吃晚饭，铁塔就在眼前星星点点地闪着光，映着低低的夜空，如梦似幻。同行的几个女孩难免激动，大家讨论着，此刻如果有人求婚，应该会头脑一昏就答应了。虽然老套了些，但巴黎的确是理智外的浪漫想象。

我常常想，每次去巴黎的旅途就像去迪士尼，就算能预估到那些童话般的场景，到了真的发生在自己身上时，也是要脸红的。

我有一周的时间都住在协和广场的粉红酒店，通体粉红色，粉红丝绒布窗帘，无限量供应的粉红香槟和巧克力，软乎乎的粉红床正对着成排的落地窗，窗外梧桐叶也裹着金光。喊人上门来维修，"叮咚"一声后打开门，门口站了五六位笔挺又英俊的美少年，齐声问我有什么需要帮助的地方。我故作镇定地说："来来来，里面请。"

"那感觉像什么？"跑到楼下吧台，我与朋友讲起刚刚发生的画面，"太夸张了吧！好像《欲望都市》（*Sex and the city*）的巴黎番外篇。"

很难不期待在这座城市邂逅艳遇。如果有忍不住私奔或者闪婚的念头，千万不要来巴黎，这座城市会让你大胆又感性，一头扎进不切实际的幻想里。

不过糟糕的事也常有。有时服务人员的态度简直像随时可能踩到的狗屎。时装周看秀时，我赶场打车，被一个不会讲英文的优步司机绕了一个多小时，结果送回了原点，还轰我下车，意思是：

堵车了，没法将我送过去。我气得直跺脚。

那天我穿了件坠地的黑丝绒斗篷，带了一身光彩夺目的珠宝，还有该死的高跟鞋，足足走了 3 公里才赶到目的地。所有遇到我的朋友都瞠睛落目：你……你怎么敢这样珠光宝气、大摇大摆地走在巴黎街头？

哎，其实那时走在薄暮笼罩的河畔，踩着沙沙的落叶，穿过斜阳笼罩下杜乐丽花园的林荫丛，气就消了一半。

每次来巴黎总是这样，又爱又恨，总有人抱怨治安混乱和法国人的不友好……简直太不适合度假。

再问："那约你来巴黎，你要不要来。"

答："还是要来的。"

读过一篇好笑的科普，讲述"巴黎综合征"，即真实的巴黎与人们想象中过度浪漫美艳的巴黎差距过大，进而引发的一种心理疾病。这座城市是否有魔咒？还没靠近，就披上了一层玫瑰色的滤镜，使人小心翼翼、生怕打破了它的神圣。

然而巴黎的好，绝不是神圣的。它丰富、多面、危险、诱惑，有一些坏毛病，也似猫爪挠过的痒。

徐志摩写过一篇《巴黎的鳞爪》，他说："整个的巴黎就像是一床野鸭绒的垫褥，衬得你通体舒泰，硬骨头都给熏酥了的——有时许太热一些。那也不碍事，只要你受得住。……它不是不让你跑，但它那招逗的指尖却永远在你的记忆里晃着。……和着翻飞的乐调，迷醇的酒香……"

真贴切呵，躺在这床野鸭绒的垫褥上，只想醉生梦死，哪顾得上琐碎的烦恼。

巴黎是丰富的、多面的、活色生香的、危险的、诱惑的、令人振奋的。你可以把它想象成魅力无穷的"坏"女人，调动你全部的热情，让你相信一切美妙的事情都可以在这里发生。人类视她为珍宝，仰慕她、爱护她，放纵她的蛮横无理，但只要她愿意伸手给出哪怕那么一丁点的柔情蜜意，就足够让人坠入爱河了。

* 02 *
审美直觉

在巴黎圣奥诺雷街的缪缪闲逛，柜台上遇到一只美丽的军绿色手提包，做旧皮质，铜质复古搭扣，鲜见的 20 世纪 60 年代复古款式，我一激动便伸手拿起来端详，发现并不是缪缪的。正在纳闷，此时一位与店员聊着天的女士半探出身，笑盈盈与我说："对不起哦，这只包是我的。"

拿了人家私人物品，着实尴尬。我慌忙道歉："不好意思，不好意思！"这位女士连忙摆手，说："不不不，没关系，它很好看对不对？这只包包是 20 世纪 60 年代的普拉达，很经典，任何时候拿都好看，永不过时。"

我说："确实很好看，所以我一时情急……"

女士笑着说："哦，亲爱的，你喜欢它是我的荣幸。"

春风化雨般，化解了一场时尚尴尬。

我再仔细观察这位女士，身材高挑，保养得当，年龄似乎从30到50岁都合理。一头猩红长发，浓烟熏妆，全身上下由普拉达最有趣的单品组成：撞色大衣，厚织的彩色漫画长裤，一双10厘米高的厚底红色漆皮方头鞋，又怪趣又和谐，丝毫不带"钞票味儿"。

后来我反复跟朋友们聊起这个故事。我说，我这样冒冒失失的，常误拿别人的东西，白眼遭遇了不少，却从未遇到像她这样可爱的反应。一方面，当然是因为这位女士教养极好。另一方面，我觉得还有那么一层意思，这位女士是真心高兴有人喜欢她的爱物，她愿意和所有人讲它的好，与他人共同感受这美物的乐趣。

这样的故事，我在巴黎接二连三地遇到。这里的人发自肺腑地热爱漂亮事物，他们有毒辣的眼睛，在创造和挖掘美丽这件事上有着极大的天赋与智慧。

那些长期生活在当地的朋友笑谈本地生存之道："漂亮在巴黎是至高无上的通行证。"漂亮在这里不只是单纯的好看，更是一种风度翩翩的美。

有时坐在玛黑区的露台咖啡馆里，一下午观察来来往往的人群，也能逐渐体会到那样一种美——不是把崭新的名牌生涩地挂在身上，而是日积月累内化形成的一种审美直觉。知道这样的色彩搭配、胸口敞开几粒纽扣、头发的弧度是合适的，无须研究测量，直觉就能引领他们自然地踏入美的领域，如同呼吸一样自然。

巴黎人有一套属于自己的着装体系，比如他们的妆容和发型都不可太细致太完美，头发的卷度得松散些，留着细细的碎发，脸有些素素的，或是红唇或者是毛茸茸的眉毛，都带有野生的粗犷味道。

如果要说"不费力"，也绝不是说他们不用力、随便穿，而是一种能松下来、淡然处事的姿态，就很舒服。这件衣服属于他，他又属于这座城市，他们对这一切深信不疑。

他们不是不用力，是知道力气该往哪个方向使。或许只是看起来清爽舒服，并未铺张到夺人眼球的地步，但细节处足见功力。

譬如这样一位与我擦肩而过的银发奶奶，我注意到她的搭配心思：夹克收腰垫肩，后腰还有精巧束带；耳环是琳琅花朵，与丝巾和托特包的图案一致；镜框与盘发的发卡是同样花色；一双看似平凡的黑色平底软鞋，但也有交叉绑带，与夹克呼应。更妙的是，软鞋刚好能露出一双与丝巾花色相似的袜子。整身的颜色都素雅简单，看起来容易，却着实用心。

这种有的放矢的审美直觉哪是一两天就可以做到的？根本就是生长环境的耳濡目染，绝非阅读几篇"法式穿搭守则"就可以速学成才的。

观察巴黎人，已经成为我每次来此地出差最有趣的一项游戏，并与同行的朋友获得一则共识：比巴黎女人更时髦的，只有巴黎上了年纪的女人。似乎是因为对城市的精华汲取得更多，熏陶得更久，所以审美直觉变得更强韧，发挥起来更得心应手。

朋友说："她们时髦的地方在于很放松，无论表情、姿势还是穿衣什么的，是开心自由了一辈子才会有的样子。"

这一点我深以为然。

有一天，我误打误撞走进一家古着店，店主是位打扮入时的巴黎老太太，波希米亚风格的大色块相撞，满头银发，戴一条璞琪家的花色丝巾，衬得一头色彩斑斓。

她先是瞄见了我的背包，表示很喜欢，还专门戴上了眼镜郑重地问我："能不能凑近看一下你的宝格丽？"我说："当然可以。"她细细端详，又摸了摸材质说："中间闪亮亮的是珍珠鱼皮，搭拼柔软牛皮，再配上这样的绿色真是好看极了！"又抬眼看了一眼我的墨绿耳环，笑着说："你很适合浓郁的绿色。"

后来她在店里为我寻到了一件高田贤三的复古绿色丝绸衬衫，暗纹花朵，我非常喜欢。

她帮我找到的每一件衣服，都是根据我自己身上的蛛丝马迹寻来的，譬如配色、材质、品牌的喜好。一下子挖出了若干件我年初想买却擦肩而过的单品，全世界没有一个导购能如此深入我心。

有一种他乡遇知音之感。

所以我很喜欢在巴黎购物，能获得许多超越购买以外的乐趣。

曾在乐蓬马歇百货公司门口一家老牌的西装品牌里看中一件粉色西装外套，只剩最后一件，比我足足大了两个码。店主老爷爷说，他们可以帮忙修改，但需要两周时间。我说，我很快就要走了，但没关系，当作宽松款穿就好。

店主说，不行。

最后的解决方案是，老爷爷 "强制"我必须要找一个很好的裁缝，提供三种修改方法：一是缩短后背宽度，从领口向下裁剪；二是重新修改胳膊处的弧度；三是若要做成宽松版型，必须得在肩膀处增加肩垫。否则不是一个像样的穿法。

我苦笑着答应了。事实证明，我也没有遇到这么完美的裁缝，只能把西装送给了穿起来更合身的我的妈妈。

他们有一种审美上的坚持，又通常是相当精准无误的，真是与生俱来的天赋。我之前在专栏里写道："美国从未将'时尚'当成不可逾越的品位堡垒，于他们而言，一切都是商业。但在巴黎，我甚至有时候会觉得，时尚是比商业更高的信仰，是生活化的语言符号，又是需要捍卫的精神支柱（并不是说他们不爱钱）。"

有时候我走在巴黎的街道上，就在想，这座城市真是漂亮得不像话啊。它都不怎么变化的，20 世纪 20 年代的街景与 21 世纪的新世界无缝对接。那样旧旧的石板路，微弱暖黄的路灯，街角的咖啡馆和花束，人群散发出来的慵懒和骄傲，保留了许多从黄金时代延续至今的气质。

他们的好多小店，走近一看，嚯，金碧辉煌、华丽无双，里面的人倒是一身黑衣、素面朝天，偶尔走出来眯着眼抽会儿烟，潇洒地吐出细细盘旋的烟圈。

巴黎人对"华丽"有一种习以为常甚至漫不经心的态度，这才真正叫人嫉妒。

说到这里，想起我曾因工作关系，在巴黎拜访过一位真正的贵族——多纳诺伯爵夫人。她是波兰女王的孙女，她的丈夫是拿破仑的后代。丈夫去世之后，这位老夫人自己住在巴黎市中心独栋的城堡里，家中挂满了油画、琉璃与水晶，每一件家具都是价值连城的艺术品，四层楼的城堡被落地窗包围，墨绿色的天鹅绒帷幔外，是塞纳河边的茂密绿树。简直比电影里茜茜公主的宫廷还要华美百倍。

伯爵夫人 80 多岁了，依旧维持着一种类似小女孩的状态和语气，穿一件翻领的水手服来见我们，爱谈天说笑，喜欢时髦的东西。她近来的爱好是在研究一副水晶制成的中国麻将，乐此不疲。

饭后我们坐在一张水晶椅上，她咬着自家制作的巧克力，跟我谈起自己的穿衣经："香奈儿毋庸置疑是伟大的，但你不觉得这样板板正正的套装太老气了吗？我现在更喜欢那些灵动的、蓬勃的设计，因为有流动感。"

我第一次听到 80 多岁的人与我讨论"老气"这个词，觉得有一种有趣的反差。她正色道："风格的确是与年纪无关的，巴黎女人总是在淡化年龄的概念，自身有一些阅历是件很美丽的事。"

在这样的城市里，一生自由，一生做自己，不太会有年龄带来的社会压力。

变漂亮是极其微不足道的事，却偏偏是没有速成法则的。越想要向人群看齐越容易迷失自我，审美直觉是需要建立在自我觉醒的前提下的。唯有自由土壤培育出的美丽，才能结实而长久。反之则是无根的花，纵然绽放，不过须臾。

巴黎确实看重"外表"。不是指穿了什么名牌，长了一张多么惊世骇俗的脸，而是是否有型。有型的人，即使穿得破破烂烂也自有一种风流。他们欣赏的就是那样的风度，并格外地给予一种友好——在美丽态度上统一阵营的友好。

这座漂亮的城市啊，塞纳河珠片般的波光，粉紫交接的晚霞映在天空与水面上。随便一幕，都让我这样的短暂停留者为之痴迷。而巴黎人早已司空见惯，生下来就拥有这些可随意挥霍的美丽。他们不在意这些美，骨子里却被扎扎实实地被熏陶着，因而有了无须费力的时装、型格与艺术。

2019 年 10 月，Elie Saab 秀场外

秋食

秋天虽短，美食却丰盛。

最近一周我几乎餐餐都在吃螃蟹，吃得多了就肆无忌惮地浪费起来，专吃蟹黄，蘸一勺姜醋，吸得簌簌响，满口沁香，十分满足。

然后蟹腿统统让给男友。这个人受过很好的"饮食教育"，吃蟹要严格遵从步骤，折完的蟹脚要怎样分别一一剔肉，吃得十分精巧。大块的肉他剥出来给我，小的留给自己……

听闻在上海苏州一带，吃蟹是件很文雅的事，最高标准是吃完的外壳还能拼起来完整的蟹壳。从前的大学同学，苏州本地人，家中在阳澄湖有一艘渔船，从小以新鲜虾蟹为零食，像嗑瓜子一般，手法娴熟——用蟹脚尖粗的那一头把蟹腿前段的肉顶出来，再用剪子将蟹钳两边剪开，向相反的方向掰开钳脚就可以吃到整段的蟹肉。不到几分钟便能剥出整块的蟹壳来，令人叹为观止。

上周我们在夏宫吃全蟹宴，一共点了五六道菜，茶山杨梅酒醉蟹、蟹粉粉皮煮辽参、蟹粉文思豆腐、蟹肉栗米羹，还有什么记不清了。甜点也是用蟹粉烤出来的蛋糕，有点像舒芙蕾，外面酥脆，用勺子敲开，里面软糯糯的。

分量太足，到了后面我实在吃不动了，就瘫在椅子上打滚。

　　我尤其爱吃醉蟹，每到一处必点醉蟹。以往在网上叫来的醉蟹，空有酒味，大多数蟹的质量不理想，唯有这个季节，时令的新鲜腌制的醉蟹，膏红黄满，精髓就在那醇厚丰满的蟹膏上。如果一定要醉，就让我醉在蟹膏里吧！

　　前几日在杭州西溪，吃了花雕酒熟醉大闸蟹，去的时候刚刚吃完早饭，本想意思一下，结果一口气吃了两只。

　　也不知听谁说的，螃蟹不能与柿子同吃，那天住的酒店刚好有新鲜摘下来的柿子，贪吃又害怕传说中的食物相克，于是一颗又红又大的柿子塞在随身包里。走了一天猛然想起来，而软乎乎的柿子已经在包里被压烂，一整包的衣服和电脑沾上柿子熟烂的汁液。心痛！

　　秋天要提防长膘，因为淀粉类食物迎来了美味的巅峰。

　　而我又是不折不扣的碳水狂人。

　　我爱吃秋天的红薯、板栗、桂花糕……小时候总吃街头热乎乎的烤红薯，近些年已经消失殆尽。那天偶然在长乐路上遇到烤红薯的摊贩，买了两块，味道很不对，远不如小时候吃到的那样甘甜。

　　新荣记有一道招牌菜叫蜜汁红薯，第一口觉得甜香四溢，再往后吃就觉得有点齁得慌，像在灌蜂蜜水。我本来就不太喜欢吃甜食，尤其是人工的甜，太虚情假意。

　　好吃的甜味都是土里长出来的，浇淋了天然的雨水自发生出来的醇厚的甜。

你们有没有吃过一种只有指甲盖大小的毛栗子（可能学名叫茅栗，我也不确定，因为个头很小，就叫"毛栗子"吧）？毛栗子粉糯，相对板栗来说更甜，好像每年只有深秋时节才吃得到，我嫌一个一个剥太麻烦，都是先剥好，然后一把一把地塞进嘴里，狼吞虎咽地嚼。

我妈酷爱毛栗子，以往到了这个季节，她每次下班都会兜一袋回来，一边提醒我要少吃点哦，一边两个人百无聊赖地躺在沙发上嗑完整袋。

桂花糕呢，是我搬到淮海路来之后沾染的一个"恶习"。我住的地方，楼下就是上海著名的全国土特产食品门店一条街：老人和、光明邨、老大昌、虹口糕团食品厂、沈大成、鲍师傅……糕点香气扑面而来，从不停歇的排队人群更是给食物镶上了神秘光环。

总而言之，我被其中一种桂花酒酿糕深深吸引了，面上撒着新鲜桂花的很有嚼劲的白色糕团，淡淡的酒酿香，又要有弹性又不能太软塌，微热的时候口感最佳。

糟糕的是，一盒只有六块，有时候为了凑单我还会再加上一盒黑米糕或者荠菜糯米圆……去年秋天几乎每隔一天就要光临一次糕点店。

吃完整盒糕点的下午会让人怅然若失，一种慵倦的无力感涌上心头，夹杂着丝丝担忧。明天一定要开始运动了吧，我总是这样坐在沙发上暗下决定。

　　周末跟着朋友去杭州参加酒会，自然少不了食物上的盛情款待。晚宴的主题就是"秋"，每一道菜都围绕着秋日时令果实、色泽与风景展开。

　　菜单写得真好，道道都有诗意。

　　"翠色径山"是龙井虾仁，淋了杭州径山寺的抹茶熬制出的茶油；"梦回江南"是江南卤鸭派，用了法国鸭肝、鸭掌、鸭舌、鸭胗、绍兴麻鸭，融在一起像是变成了果冻，"鸭冻"入口即化，法餐的形、中餐的魂；"一池涟漪"用了11月舟山的带鱼，这个季节舟山带鱼最为肥美，可惜产量极少。带鱼去骨腌制，卷起来做带鱼卷，表皮酥脆，里面是鲜嫩的鱼肉，再用带鱼骨熬汤，用柠檬和发酵辣椒做酸辣汤淋在上头，最后用紫苏花调味。

　　"寻鱼欢宴"拿鳕鱼白子和熬制的阳澄湖大闸蟹汤裹上蛋液一起蒸，再盖上炒好的阳澄湖蟹粉，撒上炸过的珍珠膏蟹，滴上几滴意大利黑醋；"林间细雨"把杭州猪油渣和阿尔巴白松露拌在一起，杭州传统拌川换成手工面，搭配银牙、遂昌的冬笋、庆元的香菇，时令最好的意大利阿尔巴白松露，挺"阳春白雪"的。最妙的是甜品，长得就美，名为"山林晚秋"，一地落叶，色彩缤纷，实则果子是临安山的核桃，银杏叶用南瓜泥烤的，糖浆是用金桂熬的，银杏嘛，就是银杏本身啦！

　　好酒配好菜，《红楼梦》里吃蟹须得赏菊对诗温酒，我们倒是赏了金色湖面和成群野鸭，配的是珍贵的2010年份的唐培里侬香槟。

我说不太出品酒的标准，但是因着不同的心境、情绪、环境、赏味和对面的人，似乎的确会有不同的感受。11 月深秋朗月清风的夜晚，这杯酒在我看来就是"空灵"二字。许是眼前的水中霁月给了我这样的感触，此刻我五官通感，"酒入豪肠，七分酿成了月光"，剩下三分就留给突然萌发的一点点文思吧。

真奇怪，古诗里总喜欢把秋天写得苍凉落败。吃得心满意足的我，倒是没有一丝忧愁（有也是出于身材管理的忧），就觉得整个世界饱满、丰盈、浓郁、清甜、香喷喷、圆鼓鼓、金灿灿。

香

我是鼻子比较敏感的人，嗅觉记忆很长，对擦肩而过的气味，总能在记忆里找到线索并去追寻：

"那是 2013 年冬天在伦敦大法庭巷地铁站门口那家老旧的咖啡馆里木桌子的味道。"

"你这会儿闻起来有点像早春萌芽的绿枝，涩涩的但是蛮可爱。"

"拉娜·德雷的歌呀，像在梦游，就像……芦丹氏的香水！"

后来我想，可能是因为小时候近视严重，800 度，爱漂亮又不戴眼镜，连人的轮廓都不大分得清，因此养成了记人味道的习惯。判断喜不喜欢一个人，很简单，他身上有我喜欢的味道，绵软清甜，像一个精神枕头，让我放松。

前段时间看了一本书，是爱马仕的调香师让－克劳德·艾列纳写的《调香师日记》，他有一本笔记本，每走到一个地方，就记录下灵感，再用配方调出那个记忆中的味道。比如在意大利逛菜市场遇到清脆的梨子；20 世纪 80 年代来上海被一幅看不懂但雄浑遒劲的书法感动到热泪盈眶；爵士乐的错落音色；塞尚画里光影的处理等，都是他调制香水的启发。

艾列纳是法国人，所以我不奇怪他这样的善感多情，是嗅觉的诗人。天性享乐主义的人才会重视自己的感官体验。我是愿意享受人生的人，也不以此为耻，因为这种能力给我带来太多乐趣，当然还有工作。我也不懂为什么有人会觉得物质是可耻的，是与精神世界矛盾的。能在花花世界里多找到一分依恋，就会多一层与世界连结的体会，我不想要一个空荡荡的灰白色的精神世界。

讲回艾列纳，他说自己有定期更新嗅觉笔记的习性，一本揉得烂烂的小本子，"是孤单寂静的经验结晶，载满气味的摘要，创造能随我搭配的气味幻象。就这样把日常与环境里的气味精简成成分。大自然纷繁庞杂，一朵玫瑰花的香气有 500 个分子，比巧克力的味道多，又比蒜头的少"。

好好玩，我也学着他更新嗅觉笔记。

最近的初春，最令我心身震荡的是栀子花香。以往总在天桥上拎着菜篮子的老奶奶手里买来，一串又一串，不到一天就枯萎了。有一次我不小心把花串垫在了随手扔的口罩下面，再次戴的时候，发现花香兜面而来，一整天都萦绕着那样一种洁净的甜香。

于是我终于决定在家养盆栽栀子花了。我买了浓香型的大花朵，开花的时候铺天盖地、声势浩荡，一朵花就是一座花园，红飞翠舞。

花朵开得又密又大，太沉甸甸，店家建议我剪掉一些旁枝。我舍不得扔掉，便把花朵盛在翡翠绿的酒杯里，放在沙发旁的小边桌上，读书的时候刚好有隐隐约约的花香传来，再看《人间草木》

脑海中就会浮现出生动的画面。

　　不同的植物气质很不同，有些花的味道就很老实，比如雏菊类；牡丹的香味特别甜，感觉它胖胖的、厚厚的，像个大宝宝；玫瑰味有一种撩人的欲语还休的气质，难免让人联想到爱情；绿色植物的味道大多涩涩的，但很干脆，聚在一起才能形成一种气场。家里养很多植物，就常常有草木葱茏的味道，整个就有了流动的灵魂。

　　栀子花系列的香氛，我有一瓶最心爱的——娇兰有一瓶艺术沙龙香，名为"血腥栀子"。但我不大喜欢这个名字，因为它根本就不血腥，也没有栀子花的张扬。这个系列不主打还原植物本身的味道，他们做很多层次丰富的调制，类似于一种艺术创作。"血腥栀子"闻起来外冷内热，丝绸般顺滑，有一点时间的沧桑味道。我喜欢秋天的时候用它，让我想起 11 月黄昏时的晚霞，稳妥踏实。

　　我是个俗人，自然不会讨厌玫瑰的香。玫瑰味道老少皆宜，香料厂总喜欢调制玫瑰味，也是因为深受大众喜爱，不会出错。

　　关于玫瑰香水，我写了好多文章。和很多人一样，我最早的一瓶是祖·玛珑的红玫瑰，在英国读书的时候，我喷着它赴过很多的约会。那个时候我还很喜欢另一瓶紫色的安娜苏的橙花香，因为果味很重，和女孩子出去玩，就用橙花香，因为玫瑰香里总有一点暧昧。

　　它给我的感觉是非常年轻的，虽然是妩媚的，但也是坦率直白的妩媚，是穿粉色旗袍的王琦瑶。直到现在，我的衣帽间和过道还在用红玫瑰的扩香——说来也奇怪，香水留香真的不久，但扩香却做得异常持久，用了一年依然芳香馥郁。夏天穿堂风吹过的时候，简直心神荡漾。每每让我想到早年伦敦的夏夜，踏过昏黄的街道，轻衫薄粉地去赴约，仿佛很多蝴蝶在心中飞舞。

年初朋友从法国给我带回来一瓶馥马尔香水出版社的玫瑰织物喷雾，名叫 Dans Mon Lit，翻译成中文是：床笫之间。这瓶香水里 98% 用了土耳其玫瑰花水，还有最贴近皮肤温度气息的麝香，融合起来变成味道淡淡的温热的"肉感"，喷在床单上，清淡婉转，感觉枕边有人陪伴。

百瑞德不是有一瓶很有名的香水，叫无人区玫瑰吗？那瓶香水闻起来倒没有很艳丽富贵，反倒踏实凝厚，仿佛玫瑰里掉进了琥珀，有常年住着的老房间的熟悉气味。传说这个名字也是为了纪念第一次世界大战在前线奋勇的医护人员。玫瑰，不以刺恃靓行凶，反倒铿锵有力。

我用过的比较特别的玫瑰味，还有 Bamford 英伦花园系列里的玫瑰香薰。它摒弃了传统的玫瑰花瓣，更多的是玫瑰根茎的翠嫩感，闻起来一股泥土和绿叶味儿，是尚在花园里蓬勃生长的野玫瑰，没在人间行走过。

近几年我有一瓶用得极为频繁的玫瑰香，名为 Portrait of a Lady，中文翻译是"窈窕如她"，这一瓶是馥马尔香水出版社送给我的，朋友们说闻起来很像我的气质。

这样讲好像很不好意思，Portrait of a Lady 是一瓶很有高贵感的香，用了大量醇厚的土耳其玫瑰，配了木质和香辛料，已经偏离了玫瑰本身的甜美。它给我一种盛大的感觉，有优雅曼妙的女人味，像一个女人穿丝缎礼服、踩5厘米的尖头高跟鞋，头发挽得光洁清爽，很有格调，和小女孩的时候用的甜津津的纯粹的玫瑰香又截然不同。

30岁已经是不一样的玫瑰了。

但我也不想时时刻刻做娇艳的花朵，写稿的时候我会喷雪松、柑橘或海洋调的香水，有一些味道我也讲不清楚，最好再有一点清苦感，让人时刻保持清醒。比如祖·玛珑的伯爵茶与小黄瓜，像伦敦的早茶，融合了一堆让人胃口舒畅的食材：红茶、柠檬、苹果、香草、黄瓜……欧珑的无极乌龙闻起来是一种文墨加上清茶泛出来的香。

有时我觉得在松弛的场合里，香水味重了是一件不合时宜的事。太香的人，好比过分的时尚分子，花红柳绿，但缺乏美感。

能让人动心的香味总是沉静的。

多年前刚刚认识男友的时候，被他衣服上的一种隐约的木质香调所吸引，并不浓重，非常妥帖、稳重、温柔，始终保持着秋天的温度。我跟他提过这一点，隔天他送我一张晚安卡片，上面喷了他平常用的香水，在卡片的背面写道：但愿我的味道可以伴你好梦。

后来知道那是他用的帕尔玛之水和衬衫洗衣液混合出来的一种香，后调里有美妙的皂味，是那种午后把头轻埋在丝绒床单里嗅到的安心，千帆过尽后的柔情。闻到它，令我想到爱情最初的样子：等待、踟蹰、温柔、雀跃，搅得人不得安宁。

每个人都有不同的气味。有时候能通过人所散发的味道，判断他的生活质感与品位。一个人身上的气息是有统一性的，他用的洗发水、精油、面霜、香水、洗衣液，所处环境的香氛，都会共同组成一种统一的体系。世界上几乎没有哪两个人闻起来是一模一样的。

有的人天生就很香，越出汗越香喷喷。以前我有一个女性好友，是一个奶香味的人，我很喜欢她。每次挨着她一起看书，都觉得她整个人都暖烘烘的，像一颗行走的大白兔奶糖。

小时候的味道是最难忘的，时间越久越在记忆里辗转反侧。直到现在我还着迷于旧书纸张的味道，后来市面上出的很多新书，都没有原来印刷品的那种旧旧的墨香。

从小我都是自己和自己玩，有很长的一段时间我是"住"在书橱里的，随便翻一本就能"掉进去"。那时看的书很杂，从动物世界到魔术解密，马克思、恩格斯的文选也看，还有民国野史、名字很长的俄国作家的小说，还有那种翻一翻纸张脆弱得快要裂开的老版古书，越老的书越有我喜欢的味道。小小的我会把头埋进去嗅，那个味道伴随了我整个的童年。

真是奇怪，至今也没有找到一种味道，能比旧书里的墨香更性感迷人，更勾人心魄。可能因为闻到它，就意味着有全新的故事开启，整个世间的爱恋悲情都浓缩在这一股略带苦味的芬芳里。

最近上海下雨，黄梅季要到了。夏日的第一场雨后，我走在路上又闻到了那种泥土翻起来的湿漉漉的潮味。上海市中心倒还好，我们家那边依山傍水，城市里也有山峦起伏，这种味道就更明显，打开窗扑面而来，"一川烟草，满城风絮，梅子黄时雨"。

有一次在老家，和爸爸一起沿着河边跑步，我说，又闻到夏天那种味道了！爸爸落寞地说，哎，想不起来了。

几年前因为手术，爸爸的嗅觉被破坏，从此失去了"闻"的能力。我觉得有点感伤，就跟爸爸说，那现在我做你的鼻子，讲给你听好了。

人的感官总是相通的，看不清的时候就闻一闻，闻不到的时候我也可以讲给你听。对周遭有所感的人总能打捞一种感觉，并保持着明亮的好奇心。有的人只用一双眼睛观察世界，有的人却有好多双眼睛，他们往往天真有翼，能飞到更远的远方。

活山

长大之后才发现每一处的山都是不同的。

我生在江南小城，依山傍水。皖南一片的山脉绵延不绝，城市中央湖光山色，人如同住在景区里，窗外总能看到绿油油的远山，烟雾里露出精巧的尖角。而且这一片多奇山怪石，黄山就是皖南山景的极致——小时候写作文总是形容它：雄奇灵秀、怪石嶙峋、鬼斧神工……

生在山区丘陵地带的人，很少注意到那些静默的层峦叠嶂的群山。幼时我们大多的春游秋游都离不开爬山这个固定环节，有些小孩手脚灵活，一眨眼就能爬到怪石顶端，然后被揪着下来罚站。爬山对我们来说意味着什么呢？就是终于可以不用上课，光明正大地聚众吃零食了。

后来再想想，很多青春的美好回忆都是在山间发生的。

在没有肯德基和麦当劳的年代，要好的伙伴们约出来玩总是会首选爬山，人一多便容易在山林间走散，但是并不可怕，因为阳光灿烂，条条大路通出口。大家齐声高呼那人的名字，一波一波清脆的回声在林间回荡。有时候找来找去便分成几队人马，说不定能撞到喜欢的人，一前一后向上攀爬，匆匆绿意环绕，搭一把手是最自然亲切的触碰。

我有一本 18 岁之前的相册, 里面绝大多数的照片都是在山间拍的。竟没想过, 原来那些山川溪流陪伴我长大, 在我未曾留意的时刻, 已经成为我生命中不可磨灭的一部分。

现在感到幸运的是, 我的童年纵没有很多先进的玩具、游戏或什么高深的科目, 但我能拥有最好的两件事: 一是广泛而自由的阅读; 二是与大自然的亲密接触。

前者让我找到自我的价值, 深入内心的探索; 后者又让我忘却自我, 安于"我"的微小与平凡。

后来居住在城市, 大多不会在市中心看到山, 除非开车去市郊或偏远的景区里, 少了一份"开门见山"的野趣况味。上海更是一座十分平坦的城市, 男友曾带我去爬过佘山, 我说: "这个高度对我们这些山边长大的人来说不太能算作山……"某种程度上也算是丧失了不少质朴的乐趣。

我喜欢城中见山的城市, 自然而然有一种亲近感。

去年去宁夏, 见到大西北的山川, 那感觉是完全不同的, 山与水, 都是土棕色系的, 特别的凛冽, 不带一丝柔情。天地苍茫、四野如幕, 置身于无边无际的荒原之中, 想吼上一嗓子, 心中徒生悲壮之情。连同植物, 成片的杨树和榆树、路边的喇叭花, 都是根根向上, 笔直不屈, 犹如尺子一般, 全程向路人行注目礼, 带着庄严肃穆的基调。

北方的山总是冷凝苍茫的, 让我想到孤独的人, 还有探险、远行与巅峰。而南方绿树成荫的山麓，秀秀气气的，对我而言是散步的最佳场所，是生活化的、平和而清澈的，或许与我自身的记忆有关。

所以我自小就没有一定要征服高山之巅的雄心壮志，在山间走一走，看云看雾、赏花赏树，闻到不同于城市中的泥土上苔藓的味道，已经怡然自得。爬山不要像比赛，更不想要赢，如若不然，也就没有了绕山漫步的乐趣。

有一次看到汪曾祺写爬泰山的心情："我不是强者，不论是登山还是处世。我是生长在水边的人，一个平常的、平和的人。对于高山，只好仰止。我是个安于竹篱茅舍、小桥流水的人。"看得我笑出声，这不就是我？一个十分无意于卷入激烈竞争中的人，一个平淡如水的人。对我来说，登顶本身是无意义的。山顶，不过是高原的涡流，走过这一程路，体验其中感觉，才是趣味所在。

最近别人推荐我读一本英国作家娜恩·谢泼德写的《活山》，一个生活在苏格兰阿伯丁凯恩戈姆山区的女作家，终生未婚，与山为伴，只写与山有关的文字。书其实薄薄一本，记录了那些她一生所见的高地、幽谷、群山、雪霜、植物、花鸟兽虫……

一般来说，我是不太爱看这种纯粹的写景散文的，但她的文字十分玲珑剔透，很容易读进去：

"泥沼在阳光的温暖下脱去了部分水分，踩上去触觉完美，既柔软又光滑。茂盛的草丛在早晨也是如此，在太阳下暖烘烘的，但双脚一旦沉下去，感觉依然凉爽湿润，就像是食物在入口后融化出了另一种味道。如果脚趾夹住了一朵花的花梗，这趟旅途便又平添了一份小小的魅力。"

一下子就回到了读书时爬山的那副情景。我最喜欢的就是早春时节上山，有很多新鲜萌芽的细嫩花瓣在空气里飘扬，肩头和发丝也洒着花瓣，迎面的风抚在脸上，热乎、柔软、微醺，伴着青草味，说不出的自由浪漫。我也像她一样，喜欢山脚下茂盛的草——山间的草与城中的草坪大不相同，山间的草厚实得像毯子，绿得扎眼，躺下去是可以把人包裹住的。

山峦里能感受到蓬勃旺盛的自然的生命力，世界不再只是视野里那方小小的天地，反而重回了大地的基点。谢泼德常年在山间，有着更深刻的体会，她讲："对山的生命体察越深，对自己也就了解得更加深入……认识到存在本身，这就是大山赐予我的最大恩典。"

山让她走进存在的核心。

我有时候会感到一丝奇妙，很多登山文学是男性作者写的，男性登山者的目光很容易聚焦于山巅，"一览众山小"，有一种向外的征服世界的快感；而谢泼德是女人，她在山间是从容而生机勃勃的，越向里走越收获心中的宁静，是向内去探索自我的存在，探索我与自然的交集。

"事实上人类从未真正理解过大山，也从未真正理解自己与山的关系。不管我在山里走过多少次，这片重峦叠嶂依旧能为我带来冲击。试图了解大山的道路永无止境，我永远不能说自己对它们已经熟知于心。"她那样谦卑地拥抱、投入自然，在其中被消解、被吸收。

山中世界，是真正不朽的自由。

看海

　　我自小怕水，自然也不会游泳，但对海边生活总是一往情深的。

　　某年受邀去 NARS 先生在塔希提的私人小岛做客，小岛名为 Motu Tane，真正地与世隔绝，唯有碧海蓝天与白色沙滩相伴，为数不多的服务人员也是戴着花环、身着彩色围裙的当地土著，带着质朴的笑脸穿梭于高低错落的灌木丛与白纱飘动的茅草屋中，那景色完全是一幅高更笔下泼墨的画。

　　我住在海上独栋的小木屋里，所有的窗口与阳台都正对着碧蓝的海，海连着天，云朵也似波浪，天地间没有了分界，使人的心也飘浮在空中，悠悠然、轻飘飘。但也不感到恐慌，因为木屋建于珊瑚礁之上，此处海水清浅璀璨，可以坐在海面上大大的编织网兜里，把双脚浸入水中。海面上的一切都闪着金光，我在此处裸露肌肤的时候感觉自己像一条鱼，被晒出珍珠般鳞片，甚至在摆动头发的时候会怀疑能掉下细碎的钻石。

　　远离现代文明带来的最直接影响就是网络信号不畅，干脆就断了与外界联络的讯息。再有就是都市里那套严格的时间概念完全不管用了，岛屿上的人没什么时间观念。你预定的所有服务，都不会准时出现。无论多么着急，他们都会笑盈盈地告诉你：别担心，慢下来。

早餐等得着急了，送餐的小船才在海面上飘飘荡荡地划过来，划船的小男孩皮肤晒得黑黝黝，一边唱歌一边拨动船桨，船桨上还绑着新鲜的花朵。到达后，他会沿着阶梯爬上来，递过盛满鲜花的早餐盒。返途中远远传来男孩的嘹亮歌声，一声声融进辽阔的海天里。

我简直为自己的焦虑感到羞耻，都市里养成的坏毛病倒破坏了这般诗情画意。

这样想来，都市人的浪漫多半是不地道的吧？为了庆祝某个纪念日，匆匆跑到附近的花店买一大束昂贵的玫瑰以完成社交网络 KPI（关键绩效指标），这样也许不能算作真的浪漫。但是花一整天的时间，采摘来各色新鲜的花朵，编成小花环挂在门口，或者系在小船的船桨上——毫无目的的，就这么做了，就真的是极度浪漫了。

据说 NARS 先生在这世外桃源般的小岛住了很多年，在此地寻找灵感，却一发不可收拾，干脆离开了纽约上东区的花花世界。他的好多片子都是就地取材：模特纤长的身躯，斜倾在沙滩上一棵蜿蜒粗壮的分岔树干上，远处是葱葱茏茏的原始丛林。都市的膏粱锦绣、精雕细琢，遇上野生世界的粗犷和强烈，简直不堪一击。

因此也能理解当年的高更孤身一人远涉重洋，来到塔希提的心境。那时他与最好的朋友梵高开始交恶，两人都深陷于艺术创作与现实生活无法割裂的阴霾幻影里，梵高割下了自己的一只耳朵，高更则远行至"文明人"所能抵达的最远的天边。这片海从此变成了高更的精神失乐园。那之后高更的画，总是有棕赭色皮肤的少女，彩色的天地，线条稚拙，有一种天真明了的欢快，感觉连同画画的人，都是快乐着的。

世界边境的海岛或许可以治愈大多数都市病。

陆地使人安心，也同样囿于尘世之满。而海深不见底，遥不可及，我们以为自己知道的，不过是自然给予的一点点，敬畏感会使人谦卑。

事实上，我对海洋那种幽深的恐惧远大于亲近之情，有时候听着惊涛厉声拍岸，心里会发怵，如同站在高楼之巅或者空无一人的广场，向四周望去，漫无边际，空旷无垠，心里涌起一阵一阵的荒芜感，然后会感觉四肢发软，总是抑制不住地想哭。

而人又是这样奇怪的动物，有时候越是畏惧，越能在其中找到自省与顿悟。听海浪犷悍辽阔的声音，让我迅速从现实生活里抽离，进入到一种极其宁静的状态里。

每每想起那些海边的生活，就觉得是另外一种人生。

至今难忘，那一年深夜抵达坎昆，推开房间看见三面环海的露台，夜晚的海一片漆黑，只有声音和味道阵阵地涌来，贴得那样近，我与加勒比海的第一次相遇竟是这样缀满星空的夜啊。

安达卢西亚的小镇加的斯，沿海而建，城市是由红白蓝构成的，是马蒂斯的调色盘。有一天我们爬到修道院顶楼去看大西洋的落日，海面铺满了温柔的金色，在栈桥的尽头，坚实的石头堡垒的后面，天空在紫色和茜色之间变幻。栈桥的另一头，大朵的火烧云倚在半空。

去年秋季去三亚出差，住在靠海最近的清水湾，窗外便是整片的海。黄昏时刻云朵蔼然，厚厚挂在低空，像一伸手就能捞到。我的写字桌对着这面窗，坐下来便感到思绪开阔，真的下笔如有神助。

开始理解并羡慕那些停留在寂寥的小岛独自生活的作家和艺术家们，因为海能带来无边际的自我探索。

长期生活在海边的人，总有一种野性的勃勃生机。他们过着一种不被打扰的、被宽厚的力量环绕着的人生。每个人都有笃定的自信，快乐真实而绵长。

所以梅·萨藤才会在辗转反侧那么久之后，选择在海边小屋清心独处，度过最后的时光。她写道："当我站在宽阔的露台上，四下眺望那无垠、平和的田野一直延伸至闪光、宁静、蔚蓝、宽阔的大海时，便不由自主地做出了决定。我不得不来。"

有时候真想抛下一切，去海边吧。

人在都市生活的时候，容易陷入狭隘的纠缠里，无法拥有更宏大的视野。所以无论多么热爱都市的人，都该常常走出人际黏稠的石头森林，去广阔的自然中看一看。那些恍惚的边际能让人意识到世界之广袤，人心可以更加开阔。

情书

　　你不在的这两周我很认真地想你了。写字的时候，吃蛋糕的时候，听情歌的时候，密密麻麻地下着雨时候。喷一点红丝绒玫瑰香水在手腕上然后低头去闻的时候。有时想起你，脑袋里就像漂浮着透亮的冰块，然后冰块碰撞发出悦耳的撞击声。

　　去年的这个时候遇到你，错过了你的生日。今年的这一天，你又恰好去了遥远的南美洲，打破了我想要给你浪漫的一切计划。于是，我想，就让我朴实地写一封迟了一年的情书吧。

　　我喜欢眼里有光的人。我常常觉得，孩子的眼里才有那样的光芒，人越长大那样的光就越黯淡。而你是我遇到的成年人里，为数不多的眼里有光的人。很多人在我的年纪甚至更年轻的时候，就为臆想中的压力背起了沉重的担子，但你不，你好像永远无所顾忌。不提琐碎，不计得失，对世界保持好奇，笑声响亮，像一种英雄气概。你从未试图用"长我几岁"这样滑稽却常见的理由拥有控制我的思想，然后讲出苍白无力的大道理，反而常常倾听，并为我的奇思妙想拍手称赞，在你的眼睛里，仿佛能折射出自我灵魂的曼妙。这让我觉得，我们平等而自由，这是一种极为智慧的关系。

如果用一个词形容你，我觉得是神采飞扬。有一个小小节日，你从外地风尘仆仆地出差回来，我们约好了要在常去的小餐馆相聚。外面暮色渐浓，湛蓝背景里走过一个个神色匆匆面露疲惫的人，下班的步伐总是带着沉重的拖曳。人群中突然间出现你，穿着雪白的圆领 T 恤，无比挺拔又脚步轻盈地大步走向我，眉眼笑笑，仿佛要漾出雾气来。你在人群里熠熠发光，像一株植物，仿佛完全没有经历一段长时间的旅程。之后你坐下来，从身后拿出一小盆香气盈盈的百合花。

我常在想，每天奔波忙碌的你为什么总有精力保持最好的状态，总能时刻带着淡淡的古龙水味儿，并且总会在我需要的时候神速般出现在我的眼前，总有心情记住我讲的每句话，我的每个喜好和厌恶，总有时间准备无数的惊喜。有时我怀疑你是不是身后插着翅膀，飞翔的时候还在哼着歌，所以才总是这么气定神闲、目光明朗。

你聪明，遇到一切难题都能迎刃而解，并且性格里拥有太多美好的特质——热情、善良、正义、礼貌、谦让、温柔、细腻、慷慨、勇敢、洒脱。

当我面对你的时候，常常觉得自己笨手笨脚、粗心大意、不解风情，内心阴暗晦涩的地方又太多。大抵就像王小波说的那样，你有一个很完美的灵魂，像一个令人神往的锦标，对比之下我的灵魂就显得有些黑暗了。" 我把我整个的灵魂都给你，连同它的怪癖，耍小脾气，忽明忽暗，一千八百种坏毛病。它真讨厌，只有一点好，爱你。" 但愿你开放灵魂的大门接纳它们，我们大概也就不坏了吧。

在对抗外面世界的时候，我觉得我们是两个孤独的骑士，遍地荆棘、四面楚歌。不对，两个就不算是孤独了，两个可以合成一座岛，一片森林，一个国。其实我们也不知道路该往哪儿走，却走得很快乐。但是每一个当下，我都看见你为我挺身而出，阻挡一切的危险，你为我抗争，有时也在妥协。

台风红色警报的那个晚上，你偏要冒着大雨来看我，给我买了一大箩筐的水果。那天的城市特别空旷安静，你说，你什么都不怕，只想确定我好不好。那天我觉得雨打在树枝上的声音很温柔。

你是完美的爱人，也是最好的朋友。

你是边境，是伴着水汽和星的漫游。

辑二

玫瑰的名字不重要

女性力量从来不用站出来摇旗呐喊。做自己热爱做的，做自己可以做的，不被性别标签干扰了方向，便能在自己的一方天地里熠熠生辉。

我感谢我所身处的时代和环境，纵有一些不如意，但允许女孩也有自己的梦。

梦想

开篇讲一个很大的话题，我试着讲讲梦想。

梦想于我而言，并非出鞘的利刃那样的光亮和锐利。很多时候我甚至不敢去想这个词，它太盛大太遥远了，就像在山脚下去瞻仰云端的山巅，会出现很多头晕目眩的症状。起初的那一点雄心壮志并不足以支撑漫漫征途，还没起步便预设过程中几多挫折，总是想要打退堂鼓。

人只有在很小的时候，才会高频地直面"梦想"这个飘浮在云端的词：我的梦想是做科学家，我的梦想是做宇航员，我的梦想是改变世界。看似不知天高地厚，却有着肝胆相照的一颗赤子心。

我人生中第一次面对这个词，是什么时候呢？或许要追溯到初中毕业那年最后的一堂语文课。老师让我们每个人写下一张纸条，想象自己 20 年后的样子，写下来，然后替我们保存，等到 20 年后再拆开看当年的梦想。

离别的忧愁夹杂着关于未来浩瀚时光的憧憬，14 岁的我被一种坚定的浪漫击中了，好像很明晰地知道自己该做些什么，于是毫不犹豫地写下：20 年后，我希望自己是一名作家，靠笔头让世界变得更好。

不要怀疑小孩子的敏锐和坦诚，在未来的很多年里，当别人问起我的梦想，我都不如那天那样果决。

写下的纸条没有真的影响过我人生的轨迹，一直在中规中矩地读书，学过很多大人们觉得"有前途和保证"的专业，最初的求职道路也是随波逐流，几乎要忘记自己曾经多么热烈地拥有过梦想。

这是我们普通人的常态。

人生中做一个唯一性的决定，是很难的，境遇一直在变化着，背后总有太多驳杂的因素，又抑或放弃其他机会的成本太高，人不走到山穷水尽的那一步很难真正地破釜沉舟，朝着唯一的目标激流勇进。

我又不是那样天性勇敢自信的人。

我认识过一些真正的天才，他们在很年轻的时候就显露锋芒，明确知道自己的人生方向，特立独行、激情慷慨，时时刻刻被梦想的光环笼罩着，有着宗教般的信念，以及超出常人的自驱力。遇见他们，常常让我为自己的怯懦平淡而懊恼自卑。

微小的改变起初来自 2016 年的裸辞，人生中第一次做出大胆决定。我受够了温水煮青蛙般的生活，打着一份自知于我未来毫无益处也不会有所建树的工，"如果这样下去我会变成什么样的人？"这样的问题一直萦绕在脑海里。

我探索自己，的确有太多的想法、创意和观点想要倾吐。比起一眼看得到尽头的无望的未来，我宁愿去承担迷茫且无安全感的风险。

决定改变也就是一夜之间的事，对那个装在套子里的自己忍到尽头了，安安静静地做了个了断。

试着捡起幼时散落的梦，重新开始写作。停笔了这些年，又经历了将近6年的英文学习和写作，整个语言逻辑和手感都不如小时候那样畅快通顺。磕磕碰碰地重新开始了。键盘上一个字一个字地敲出来，起初并没有什么宏大的规划，什么都写一点儿，女人、物质、精神、观点、趣事……就这样以我所见所感而展开的脉络，很多是以前我想要表达、但无人听见的声音。

那个时候自媒体行业并没有像现在这样如火如荼，身边也没有可参考的案例，更没有所谓的资源支持，前途未卜。相关行业工作的朋友冷言相劝：这个行业可不是普通人想做就能做的。我说：我就想试试看。

也不知道写到第几篇的时候，就渐渐成了一种习惯，通过文字被人认识，被人喜欢，被人惦记着。这些全是意料之外的惊喜。

人家总是问我：究竟为什么会坚持下来呢？我想：感到痛苦的事才需要坚持，喜欢着的愉悦的事就会自然地存在和发生着。

梦想往往发源于爱好的微小种子。自幼我就不是一个兴趣广泛、社交活跃的小孩，唯独爱读书与写作，这两件事能让我真正投入，感受到发自肺腑的喜悦与满足。纵然没有天赋异禀，但仅凭一腔热血和时间的积累，也着实从中收获了一些丰盛的果实。

一直到现在，我认为我得到的也不过是侥幸。自媒体时代的机遇是我能走到今天最大的原因。但梦想好像是这样的，一点偏执的信念、一分与信念相匹配的能力、一些春耕秋收的耐心，再加上恰到好处的时机，统统符合了，才有达成的可能。

好多时刻，我们觉得自己挫败无力，像向着深井扔下没有回音的石子，那只是命运在告诉我们：不要急，你要等。努力的当下只有自己知道，在无人看见、无人赏识、无人鼓掌的沉寂时刻，才是积蓄能量的时刻。倘若太在意那当下的掌声，是走不到很远的地方去的。《时间之书》里余世存写道："你做三四月的事，在八九月自有答案。"

这是面对梦想很好的方式。

如果实现梦想是登山，我不想早早地在山脚下瞻仰群山之巅。别抬头，别去想，只要记得攀爬时的体验和快乐，能否走到山顶不是最终目的，只要笔直地向前走着，哪怕慢一些，也会兜兜转触碰到高处的云朵。

不要让梦想覆盖了生活里很多细枝末节的努力。

英文里有一句表达叫作"Make a difference"，中文翻译为"有所作为"，我觉得太强烈了，我更喜欢这个词表面的意思，"做了一点改变"。Make a difference，不完全都是宏伟壮烈和惊天动地，也可以是细水长流的吧？这个世界不需要每个人都有壮志凌云，最终成为顶级的科学家或是宇航员，但想着为"世界做点什么"，这样的念头或许并不是太痴狂的妄想。

在中国我们这一行被叫作 KOL——Key Opinion Leader（关键意见领袖），我觉得言过其实了，大部分人都没有资格去领导某种核心观点的实力。在国外他们更习惯管这个行业叫作 Influencer（影响者），影响别人的人。听起来似乎更确切一点。

也听人质疑过，为什么要去影响别人？做好自己不就够了。

做好自己也很好啊。但如果有能量和力气去正面影响到更广泛的世界，我觉得更好。挖掘了解自己的过程有诸多途径，我喜欢能透过别人的眼睛，清晰地折射出一个发光的自我。这种光芒令人有勇气不断开发自己，永不倦怠。

这个时代给了年轻人许多意想不到的机遇。如果没有自媒体的到来，我会成为什么样的人呢？我不知道。我只知道，在机遇来临的时刻，在无人相信的时刻，我选择了试一试。有时我想，如果接受渺小是我们将终其一生面对的课题，那么也许某个时刻的抵抗渺小也算是一种向上的姿态。

童年时代的稚嫩理想，也许是扎根在内心深处的向往，是庸常之中不灭的微芒。生活或许会令人麻痹一阵子，但终将有一天，这粒尘封多年的种子会苏醒发芽，让你重新振奋起来。它不必是伟大的，哪怕只是"做了一点改变"，也是生之所向。

　　想来如今竟离那堂语文课快 20 年了，不知道那一年封存的纸条还在吗？也许我该感谢 14 岁那年暗自做下的决定，让 30 岁的我面对"梦想"二字时坦坦荡荡，人生的某种力量在延续，我不偏不倚握住了它。

玫瑰的名字不重要

　　年初和英国的塞尔福里奇百货公司合作，他们时尚部门的主管布鲁诺带我逛时装部，遇到蕾哈娜的服装品牌 Fenty，发现他们摒弃了传统商场里纤细的塑料模特，改用了 8、10 或者更大码的模特来展示成衣。我说："好酷，他们用了大码的模特……"布鲁诺立马打断我说："不，是正常尺码。" 我朝他笑笑，夸他是位绅士。

　　这件事给我的印象挺深刻。我觉得自己作为女性本身，有时候也不太能意识到自己正在对同性进行某种审判。

　　有一次我在微博上开玩笑地讲："朋友帮我买连体衣，问我的尺码，我说我非 S 不穿，这是我们当代女孩购物的尊严。"然后有一些女生私信我说，我这样讲会让她们感觉不舒服，因为每个人都可以选择适合自己的尺码，"穿衣只穿 S"不应该成为人生信条一样的存在。

　　我后来再仔细想想，这确实就是另一种隐晦的身材羞辱的表达。生活里诸多这样被轻描淡写、脱口而出的玩笑，一点一点地构筑了整个社会隐藏的规训统治体系。

　　所谓的"身材羞辱"，从来不是一个轰炸性的瞬间，它往往隐藏在不被意识到的琐碎细节当中。

因为暗恋的男生随口说喜欢漂亮的小腿，她从此再也没有穿过膝盖以上的裙子；因为同学们都在传"好女不过百"，体重下不了三位数的她，失去了吃晚饭的胃口；因为看到的新闻里，女明星总是"驻龄有术"、满满的"少女感"，她看着镜中自己渐渐爬上皱纹的脸，怀疑自己是时光的弃子……

当我回想自己过去的 30 年中，真正因为自己的身体而感受到莫大羞耻的，是在中学时期——青春期的女孩身体开始发育，若有似无地舒展开身体的线条，却遭到一种集体性的暧昧的耻笑。那种小孩子的恶意，是真正的恶，全然不顾地、毫无克制地泼来脏水。有一天我回到家里，哭得天昏地暗，我不知道哪里出了错，但内心的羞耻感如鱼刺般横亘在心头。

这种羞耻是没来由的，如同《我的天才女友》里埃莱娜第一次来月经，不小心弄到裙子上一块血污，她仿佛做了错事，奔跑过街，头都不敢抬。

一直到现在，还有人认为，作为女孩，你应该把女性卫生用品藏起来，或者你怎么能不穿内衣？如果你没有二两胸脯，就会有人说："你难道不为自己袒露出贫瘠的乳沟而感到自卑？"如果你天生丰满，还会有人说："你竟这么肆无忌惮地袒胸露乳，你这个不知羞耻的人！"

进也不对，退也不对。女人的身体，习惯了"被看""被注视""被评判"，就是没有被理所当然地接受过。那些看、注视和评判的主体是谁？或许是男性，或许是女性，又或许是整个社会铺下的隐形的网。

有一天我闲来无事，去翻自己 20 岁的博客，幼稚又好笑，每天都在斤斤计较：我又是一个胖子了；今晚一定要少吃一点；减肥失败……

天知道，那个时候我身高 167 厘米、常年维持 53 公斤，健康而结实。如果时光倒流，我就去摇醒当年的女孩：好好享受短暂的青春吧！之后的岁月也许有很多的烦恼与忧愁，但你现在的身体绝对不会成为其中的一项！

幸好人会有长大了想明白的时候。

后来我去英国读书，那个时候虽然一度攀升到人生中体重的巅峰，但似乎没人对我指手画脚，大家总是说："你是完美的。"他们对每一种体形的女生都会这样讲，因为大家都有各自闪光的地方。

一个瑞典的女友跟我一起出去玩，在洗手间里我们俩对着镜子补妆，她凑近我说："你的身材太棒了，有胸也有屁股，你知道很多亚洲女生是偏瘦的。"我羞愧地说："哎，你不觉得这是胖吗？"她使劲拍了一下我的背，想要拍醒我似的大声反驳："这是性感！你得为自己的优点感到骄傲！"

那时候，被我们认为性感的女生，往往没有什么固定的标准。有的皮肤黑，但是肌肤光洁明亮；有的个头矮，但是笑容迷人；有的有小肚腩，但是会跳漂亮的钢管舞。所有人都在热烈地恋爱、结交新的朋友、穿漂亮的裙子、跳舞，还有参加不完的派对。

有过这样的经历，我对身体的执念就荡然无存了。

做自媒体的这些年，我有机会接触到各种各样的女孩。我理解，年轻的小朋友们依然在为自己那些微不足道的身体"缺点"，甚至有时候只不过是一种特点而焦虑和忐忑，一如当年的我。

鲜少有女人在成长中未经历这样自我纠结的阶段，如果有的话，那么她就是十足的幸运儿。

我认识那种常年处于痛苦中的女生，因为觉得自己胖导致的不自信，进而导致事事不顺。失恋了、失业了、遇到不公的待遇，她们都要归结于自己的胖，认为胖是一切的原罪。

我有一个很美的女性朋友，个性可爱，有聪明的大脑，在英国含金量最高的金融集团就职。前几个月回国后，却苦兮兮地跟我讲最近约会了一个中国男孩的经历。第一次见面，那男孩就跟她说："你要是再瘦点，还算是个美女。"

我不屑道："谁要和这样的异性谈爱？他们择偶的标准是刻板公式，随时能被取代，而且常伴着自以为是的傲慢与偏见。"而且我还有一个观点：女孩越歇斯底里地往大众审美靠拢，越容易吸引非常"大众"的，缺乏灵魂吸引力的伴侣。

一切美好的人、事、物在他们的眼皮底下，只有寥寥数语的评价：不瘦、好黑、像男人、脸太方、不漂亮。

那些对于身体的焦虑，与社会的审美标准、消费主义甚至他们口中所谓的"传统礼仪道德"捆绑在一起，很难说如何彻底消除。

但我们得先自我振作起来，先把自己看作一个独立、完整的人，并拥有对自己的选择自由。

倘若改变不了别人，起码可以从不苛责自己开始。

美国综艺《全美超模》里有一集提出了"身体畸形恐惧症"的概念，意思是很多身体健康有魅力的女孩，总会下意识地将全部的过错归结为自己"胖"或"丑"，对自己的身体极度不自信。

主持人泰拉总是摇着那些迷茫且没有安全感的女孩儿说："你这么美，为什么不多一些自信，为什么不展现自己更好的一面？为什么要成为别人？"听起来似乎是很虚无缥缈的建议，但相当奏效。

展现自己需要有坚定的自我认知，比起细枝末节的方法论，"你是谁"是更广阔维度的事。这一问题要从哪里找到答案？经验阅历、知识储备、所遇良友、自我探索等人生种种，都有书写出一个答案的可能性。

运动、控制饮食、健康生活方式、化妆、打扮，都是特别好的事儿，但并不会改变你的本质，这些都建立在你对自己有明确认知的前提下，才会锦上添花，才会有的放矢。

但倘若你终日纠结于自己基因所不携带的特质——黑的想变白，矮的想变高，方脸想变瓜子脸，大骨架想变小巧玲珑……那么这些纠结毫无意义，你只是在坚守一个自以为是的审美标准，却放弃了自己本色下所能获得的万般精彩。

一个女生是从什么时候开始好看起来的呢？我觉得是她正视

了自己的特质，坦然大方地接受自己所有的好与坏的时候，能够想到自己将会成为什么样的人，心里明镜似的敞亮的时候。那一刻她的内心坚定，整个人就会神采飞扬、光芒四射。

想减肥、想塑形、想变美，大胆地去吧，只是要记得，这一切都是为了让自己更快乐，没有任何声音在胁迫你。

美国时尚节目《天桥风云》办到第16季，已然进化为设计师需根据不同尺码的模特量体裁衣，从0码到16码都有。决赛有一幕很美，其中一位不被看好的大码模特身穿长裙走向舞台，行至中央猛然扯下裙摆，展现出健硕迷人的大腿，昂首挺胸向前行。全场为之轰动，人人起身欢呼，掌声如潮，成为全场甚至全季的高光时刻。

评委海蒂·克拉姆总是不断地在节目中重复：一个尺码不能适合所有人。一个关于美丽的标准不该统治所有女孩子的身材和容貌。世界变无趣，就是从审美变单一开始的。

这让我想起莎士比亚的一句诗："玫瑰不叫玫瑰，亦无损其芳香。"玫瑰的灵魂从来都不只是它的名字，一个人的灵魂也不只于他的身体。

玫瑰的名字从不重要，识得它的香气就好。

不结婚的 30 岁

连续写了几篇有关 30 岁的文章，有人留言跟我讲："30 岁还是非常非常年轻的，过几年你就能深刻体会这句话了。"

我想也是的，社会越发展，人类成年的分水岭就越来越往后推移。现在的 30 岁，对好多人来说还是懵懵懂懂的，我至今还会时不时地脱口而出："等我以后长大了……"下意识觉得自己并没有离开象牙塔太久。

然而，如今的社会大环境，30 岁依然还是成家立业的关键节点。所以年近 30 岁，我频繁地被问到婚姻这个问题。比如穿了美丽的裙子，表现出高兴的情绪，就会有人给我评论：是要结婚了吗？这点有时让我非常恼火，好像在这个地方，我们这个年纪，除了结婚这件事值得欢天喜地，其他的都不值一提。因为知道对方或许只是出于好意，又不能发作，无名火憋在心里。

我不是极端的不婚主义者，但着实非常不在意婚姻的必要性。它和大学毕业了要去求职、求职成功了需要签合同一样，都属于程序上的技术问题，不需要付出太多感情和精力。

比起结婚这个行为，遇到好的爱人才应该是一生中更值得探索的课题。而与爱人的相处，模式也不必固定。到了某个年纪，就要统统去过一种被社会期盼的标准生活模板，在我看来是对爱的敷衍。

婚姻的本质是双方拟下合同、达成共识、互通有无。在我看来，只有几种情况下它是有实际功能的：通过婚姻实现阶级跨越；通过婚姻获取共同利益；生孩子。

如果目前还没有这三种诉求，那为什么要着急？

如果没有那一张纸，也可以过得很好，通过自我成长实现了经济独立，在别的事上找到足够乐趣，也不一定非要通过婚姻来证明什么吧？

也有人跟我说，婚姻是为了寻求一种生活的长期稳定性。我说，婚姻本身并不能保障稳定。感情好才能稳定，但稳定的感情不需要婚姻加持，脆弱的感情又只会更快被婚姻瓦解。

况且，我又不想要生活的绝对稳定。

突然想到月初和新婚的朋友聊天，她讲："简直想时光倒流。明明两人兴趣一致、志同道合，纯粹得很。结婚之后，牵扯到两个家庭的鸡毛蒜皮，相互都承担了不该承担的义务和委屈，倒是凭空生出矛盾。"

"怎么办？"她玩笑说，"不如离婚了，重新恢复恋爱吧！"

从某种角度来说，这一代人的确没有上一代人那么需要和适合婚姻了。上一代人处在物质精神生活都较为贫乏的时代，一个人是很孤独艰难的。同时他们也被培养出温顺的、勤劳的、为大家而牺牲小我的品质，都是在这一代逐渐消失的特质。

比如我经常跟我妈讨论，为什么你们这代人从小教育我们要有竞争意识、巾帼不让须眉、要有雄心、要上最好的学校、开阔自己的视野、不要为儿女情长所羁绊，突然一毕业就催人家组建家庭、相夫教子？一个人不能受两种相悖的价值观引导啊。

尤其困惑的是，一些同龄的女孩，早早进入婚姻，从一开始便放弃事业（当然个人选择是自由的，无可厚非），家长因此十分得意，显示出高人一等的姿态来，仿佛自己的小孩考了第一名，获得了至高无上的嘉奖。

还有人跟我妈说："整天忙工作有什么用？劝劝她，别耽误了正经大事。"

我回她："结婚生子不算什么大事啊，人人都能做的事就是再普通不过的事。做别人做不到的，才算大事吧。"

我这样讲，绝不是要讽刺早结婚或者甘愿回归家庭的女性，每一种由自我出发的选择都应该被尊重。如果有一些人，因为种种原因，就是选择了 30 岁，甚至 40 岁不结婚，也应该被尊重的。不要去频繁地问她们到底什么时候结婚？就像她们也不会去问你们到底为什么不去工作？

我身边也有一些婚姻幸福的夫妻，他们本身就相亲相爱，共同成长，结婚这件事只是他们执行了人生旅途中的一个小程序。又或许有的人天生喜欢婚礼、婚纱、家庭、小孩，把婚姻看成是很美好的篇章，是一种情结，这也能完全理解。

只是要把 30 岁作为一个标杆，喜不喜欢都得完成，未免有些欠妥。

其实我的家庭以及我的整个家族，都处于非常普通又幸福的婚姻状态，我没有受过任何心理阴影和情感创伤，对感情的态度一向也是光明磊落的，从不渴求从对方身上得到什么安全感或者海誓山盟的承诺。

全世界如果要去选择一个人依赖，我好像最相信自己。比起结婚、恋爱、组成家庭，我会觉得梦想、自由、生活的多样化会更重要一些。这是因为每个人的价值序列不同。

如果有一天我结婚了，我觉得也不是什么大不了的事，但绝对不是因为别人的期盼而走向婚姻。

如果你往回看，我们这一生真正属于自己的决定已经少得可怜了。什么时候进入婚姻合适、选择怎样的生活状态，只有本人自知冷暖，旁人处理不了你的人生。

所以我想，读到这篇文章的你，无论有无恋人，同性或异性，只要你觉得自己过得还不错，或者有更重要的事需要追求，结婚尚不是最紧迫的需要，那么不如放宽心，不要感到焦虑，坚持自己的价值序列和人生选择。

那些催婚的人可能理解不了，在当代社会，独处的快乐有多珍贵呢。

难解的符号

"斯嘉丽·奥哈拉长得并不漂亮，但是当男人们像塔尔顿家那对孪生兄弟般被她的魅力所迷住时，就不会这样想了。她脸上有着两种特征，一种是她母亲的娇柔，一种是她父亲的粗犷。"

提到美人，我总会想起小说《飘》的开头。明明是美人，开头第一句便道她"长得并不漂亮"。但从众人对她如痴如醉的迷恋来看，斯嘉丽可绝对是艳光四射的美人儿。完全能想象出，她那双明月般的眼睛透出的狡黠眼神。她任性活泼，娇俏天真里又夹杂着憨、媚、嗲、痴，又懂得如何释放魅力，毫无遮掩。

谁也不在乎她脸上那尖尖的下巴和四方的牙床骨是不是不够协调，一点小小的缺陷在美人身上就具有了生命力，反倒形成了一种灵动和生机。

斯嘉丽百分百漂亮吗？作者似乎并无此意，她甚至都不能算是个完全的好人。但恰是因为斯嘉丽亦正亦邪，在一次次蜕变后，激发了性格里勇敢、果决、智慧的一面，这个人物才因此变得饱满生动起来。

一旦想到她那逆境里明朗的笑容，柔弱的、小小的身躯保护起一个家族，就愈发感到美的张力。她像一个强健的小马驹，像沙漠里兀自生长的植被，具有最蓬勃的生命力。你无法将斯嘉丽一眼看穿，你甚至无法估计她在未来的岁月里会做出怎样惊心动魄的事。

这类美人是种种矛盾组合在一起的混合体，是一本读不完的书，让人觉得深不可测，又想去一探究竟。

美人常常具有更为复杂而丰富的气质。漂亮有固定的标准，所以漂亮的人往往类似。而美无据可依，所以美人各不相同。

好比一个女孩儿，肤若凝脂、面若桃花，我会想"啊，是美女"。再一看，她的脸上因为不避讳日晒长出的灵灵巧巧的小雀斑，笑起来毫不遮掩地露出了小兔子似的门牙，我的心跳会立马停顿半拍，她让我感到生动的迷人。

一个事事完美的人偶尔间流露的"痴"和"傻"最易戳到人的心窝。一个美人，有了一些可爱的小缺陷，反倒更活灵活现了。

王祖贤就是典型的例子，她本身美艳至极，却长了一对"不相符"的小男孩的粗犷浓眉和呆萌小龅牙，反倒为原先的媚态增添了几分英气和天真。

玛丽莲·梦露明明是性感风情的女人，却因为孩童般开阔的眼距和圆润的脸蛋，多了天真烂漫的神情，所以她再风骚都自带可爱。即使是女性，也觉得她毫无攻击性，仍是我见犹怜。

舒淇是我心中的东方梦露。比起其他的美艳型女明星，她超出常人的眼距、阔嘴、方颌骨已经完全构成了对当代标准化审美的挑战，但同时也都是她最最迷人的闪光点。况且她还喜欢动不动晒出自己的白头发和毫无掩饰的雀斑。

一个人不需要处处符合标准，且这个标准是硬性的，经过精确计量过的。鼻眼唇舌，样样都得长得恰到好处，未免太过于端正了，就像书本里的题目，始终只有一套解决方案，规规矩矩。完美虽好，但是无趣。

真美人，不是用尺子画出来的。

我有很多奇奇怪怪的审美偏好，比如对有棱有角的阔面方腮有天生的好感，觉得他们生得舒展大气，毫不扭捏。还很羡慕招风耳，觉得他们像小鹿、像精灵，有聪明模样。我还喜欢气质上相互矛盾的冲突：圆润平坦的娃娃脸配一双风情万种的长眼睛，质朴的面部线条却有一个坚毅的下巴……

那些不完美当中混杂了很多矛盾且微妙的特色和情绪，让人过目难忘。

没有了这些特征，好看的人也还会是好看的，但总觉得缺少了一点令人动容的细节。

魅力四射的人，灵魂应该是流动的吧？

灵动女孩身上有一点假小子的俊朗，英俊男孩眼里浮现的温柔片刻，温柔女孩的坚硬内核，粗犷男人的铁汉柔情……人性中诸多美好的品质错综复杂地交织在一起，会更加立体深邃。

这美的背后，是浩瀚的无法预测的广度，是拥抱自身的复杂性，是不断变化的个性与特质，是引人深思的神秘感。

如今随着年龄增长，愈发感觉到一张脸能吸引我的，永远不是纹丝不乱的完美性，好似一副面具，而是一种自在的小缺点，生动又活泼，"此中有人，呼之欲出"，是这样一种欣喜。

我开始意识到很多缺陷是性感的，不应当遮掩——脸上的几颗痣、雾色唇膏显现出的波浪般的唇纹、原本的肌肤纹理与色泽，都应该留着，纹路也有它们各自的故事。

那天在夕阳下给我妈妈拍照，暮色是金的，眼角的鱼尾纹便也是金的，在阳光下排列出一种枝叶伸展的自如。照片洗印出来，人人都说："怪了，若是修掉那道皱纹，便是平平无奇的好看，有了纹路，让人想要更温柔地多看一会儿，感受其中时光滔滔流淌的韵味。"

渐渐地，这些年我也开始同那些自我外观的缺陷进行和解。我不想活在一套规整的公式下面——社会给我的，抑或自己给自己的。我想要畅快自由地寻求一套属于自己的美的方式。

我不漂亮，因为漂亮需要没有瑕疵、尽善尽全、永不衰老，但我可以趋近于美，美的样子纷繁多样，可以是流动的，可以截然不同。

波伏娃讲："有些女人把自己变成了一束花，一个鸟笼，有些女人则把自己变成了博物馆，还有一些女人把自己变成了难解的符号。"

真正的美人，都是难解的符号。

难以捉摸，似懂非懂，无法被一眼看穿，只能细细品味。但正因如此，才令人一往情深。

美好的生活，是最温柔的报复

我的工作看起来是非常"物质性"的，是围绕着美丽的时装、亮晶晶的珠宝、五花八门的化妆品展开的。这使我常常被人问起（从某种程度来说也是质疑）：物质世界与精神世界要如何达成平衡？当代社会是否物质过剩？

有一个常见的观点是，人们普遍认为太注重物欲的人，他的精神世界会比较匮乏。

但我想怎么会呢？如果你看汪曾祺的书，也会觉得，哇，吃吃喝喝里面也蕴含着丰富的人生哲理，一颗咸鸭蛋里面也是有乡愁的。张爱玲都说："我们这个时代本来不是罗曼蒂克的。要继续活下去并且活得称心，真是难，所以我们这一代人对于物质生活，生命的本身，能够多一点明了与爱悦，也是应当的。"

天性享乐主义的人会很重视自己的感官体验，这是一种美妙的天赋，是感知生活敏锐的触角。

我承认自己是愿意享受人生的人，这种能力给我带来了很多快乐。我喜欢小山羊开司米柔软得像一团云，喜欢高跟鞋走起来的时候上面粉红色的羽毛会晃动，喜欢真丝旗袍上手工刺绣的蔓延的玉兰花，喜欢大摆裙礼服挨在一起蓬蓬松松的好像在绽放……

每一样都喜欢。它们承载了我的审美、情感和记忆， 美不是一种知识，是很多很多的感觉。

在最乏味枯燥的日子里，这点美足够撑住我摇摇欲坠的心。许舜英的那句话讲得极好："美好的生活，是最温柔的报复。"

从小妈妈是这样教育我的：一个人得知道什么是好东西，才不会被花花世界迷了眼。

如今想来，这句话令我受益终身。

物质和精神绝不是此消彼长的关系，穿漂亮衣服的人也同样可以有漂亮的大脑。

只不过判别什么是好东西需要慧眼。了解自己是谁，知道自己想要什么，都不是一件很容易的事。消费的选择，往小了说，是审美体系的外在表象；往大了说，是理想状态中对自我的期待。世间选择之广，人总是基于自己的审美坐标来推理价值排序。弱水三千，只取一瓢，把钱花在刀刃上是真正的大智慧。

的确，商业时代好像从来没有像现在这样，目光盯牢年轻人。有数据表明，现在的 90 后、00 后购买力之强，几乎成了消费群体里的中流砥柱，营销市场轰轰烈烈地涌向年轻一代，态度明确，不顾一切地向年轻人示好。

我的读者里有很多年轻的大学女生，都跟我提过关于消费观的迷茫和疑惑。

"我还这么年轻，需不需要用最高档的护肤品和化妆品？"

"如果买了它们，我的生活会很拮据，我该不该买？"

"如果我买奢侈品，会不会让同学们感觉我在炫富？"

"如果不买，会不会在同龄人面前抬不起头？"

……

现在的年轻人比我们这代人要更早地接触到商业社会，他们有品牌概念，很早就学会了正确的护肤方法，懂得各种妆容的技巧、穿衣的哲学，这些都是对人生有益的积极面。但同时，也难免会因此沉浸在模糊不清的欲望当中。

我想，一部分原因是整个自媒体行业向大众兜售了"过精致人生""你值得最好的生活"诸如此类的价值观。这本是没错的，我们大可理直气壮地享乐人间，不要为此感到愧怍，要告诉自己值得。

但另一个层面，我也在问自己，精致真的有那么重要吗？

一瓶昂贵香薰带来的愉悦心情，是因为感受到香气而引发的情绪与记忆，是敏感的人触碰世界的美丽信号，并不是特定的香薰本身。一朵免费的花也能萌生相似的愉悦。重点就在于，闻到香气的人是否有所感，因为感觉是买不到的奢侈品。

有时我们过度强调精致，但精致不该是程式化的、完全由金钱构筑的严格体系。

深刻有感于一个人的精致，是听闻经营上海永安百货的大小姐郭婉莹的故事。一个从小锦衣玉食的淑女，大灾难来临时，却能穿着旗袍洗马桶、脚蹬皮鞋在街上卖咸蛋。在又小又窄的亭子间里，郭小姐用煤球和铁丝烤出鲜黄的吐司，又用铝锅和面粉做出圣彼得风味的蛋糕。

她的孙女后来说："奶奶真是不同的，她从没讲过任何人的闲话，总是站得笔挺，并留意自己的美，懂得生活的乐趣。"

精致的本质就是在生活的粗糙和混乱中建立一套纹丝不乱的秩序，用柔软的外物来抚慰和熨平那些与生活摩擦过的裂痕。在最坏的时候，懂得吃，舍得穿，不会乱。

但谁说精致等同于消费超过生活所需的不必要的昂贵物品呢？

我总是怀抱一种朴素的消费观——物质的美好应当建立在各人掌控力范围之内。

想要一件东西，无须费尽心思，无须踌躇犹豫，可以没有负担地获得和接受它，便很快乐。什么东西一旦有了负担，快乐就会大打折扣。

想起自己的一个故事。读大学的时候，有一年用奖学金买了一盒昂贵的化妆品，用的时候小心翼翼，生怕出了差池。结果不到一周，像注定给我一个教训似的，它还是被打翻得底朝天。当场感觉天崩地裂，眼泪唰地掉了下来，比失恋还让人神伤。

现在想到那天的事，忍不住发笑，觉得自己真是个小朋友。那一年的我，名贵产品带来的负担与不快乐远远大于真实的效用。

一件商品，拥有的时候你会很高兴。但倘若没有了，也丝毫不会影响自己高兴的心情。那么这份美好就在你的掌控范围之内。

昂贵的衣服和化妆品，固然好——当它们在力所能及的范围之内，自己用起来不当回事儿的时候，最好。如果它们本身给生活造成了哪怕一点点的负担和困扰，就不够好，也不值得放在心上。

面对其他事也一样，掌控不了的人和物，都不该心怀执念，不然会被晦涩的欲望困住的。

青春本身就有很多天然优势，是全世界所有昂贵的产品都不能与之相抗衡的，譬如健康的身体、好的记忆力、明亮的眼睛、无限的潜力和可能性，这些都弥足珍贵。是很多年后竭尽全力也不能再拥有的限时宝藏。

而那些锦上添花的漂亮东西，不该成为负担，而是建立在良好审美体系里的有的放矢，是轻松前行的嘉奖与礼物。

20 世纪 90 年代末期黎坚惠曾经在杂志 *Amoeba* 写专栏，有一个栏目专门与读者对话，叫作"Response"，是与香港读者的对话。有一期读者写信建议道：

"请不要以消费为主导。优良的生活素质来自思维、涵养和态度，物质和牌子只是一部分的工具。很多年轻人都缺乏这方面的认知，如果 *Amoeba* 能做到这点，才是真正的成功。正面而积极的人性才真正地使人动容，香港需要一本有态度、有洞察力的年轻杂志，我对此抱有很大的期望。"

时至今日，我们的年轻人也该有这样一种视野和期待吧！我们这些讲述美好生活的人，不过只是提供了一种可能性而已，因此永远不要聒噪地鼓励人们无限度地扩张欲望，譬如"买包就能拯救糟糕的生活""一两支唇膏就能化解乱麻"等。

生活的麻烦还得靠自己解决。也没有什么是一定要拥有的，除了理智、明辨是非的大脑，对美的感悟与欣赏力，以及好好生活的决心与定力。

我常常写，我们的每一次消费都是在为自己想要的世界投票。可是投票之前，请我们扪心自问，什么才是我们想要的世界？

如爱人，如知己

　　20 岁出头的时候，不知天高地厚，容易被爱情冲昏头，喜欢脱口而出"一辈子""永远"这样的字眼——因为看不见永远有多远，所以肆无忌惮地给承诺加期限。

　　成年人的感情又是另一码事。"永远"两个字是禁忌。嘘，不要提。轻易给承诺的人是不擅长负责任的，最要警惕。

　　维系一段长久的，更重要的是健康、平等、可持续的恋情，大多时候也要靠运气的。好运是对的人，对的时机，或许还要加上对的模式。

　　啊，这样讲起来好生硬。相爱是火花，是瞬间，是化学反应，是不能解释的第六感，而维系爱却是一件有难度的事。

　　童话故事只写前面那一段，"王子与公主从此幸福地生活在一起"。而真正的故事是：战斗的号角才刚刚吹起。

　　《泰坦尼克号》里风华正茂的杰克为救心上人罗丝，放弃了生的机会，葬身大海，留给世界一对动人心魄的蓝色眼眸和无尽怆然。10 年之后演员莱昂纳多与凯特又一起拍摄了一部电影《革命之路》，两人均微微发福，展露出中年人的姿态，演一对普通的美国中产阶级夫妇，他们的婚姻陷入绝望。生活终于摊开了丑陌的面目，爱情不再是心动时分炽热的火焰，反而充满了柴米油盐酱醋茶的龃龉庸常。爱禁得住生命的考验，但禁得住时间的蹉跎吗？

让人忍不住深思：倘若当年杰克和罗丝双双幸存，是否结局正是如此？那该是多么令人恐惧与可悲。

你要承认，悲剧往往来源于爱情本身的不可持久性，同时又有对"持久爱情"的迷信。

人最需要勇气的一点，或许不在于大刀阔斧地改变生活，而是接受日复一日的平淡。

我倒是有一个小小心得：悲观一点吧，不要对爱本身抱有过大的希冀。

唯有能够从自己身上得到足够乐趣的人，才能从爱里获得更多惊喜。爱不是索取，也不该是贡献，而是分享，彼此平等地分享。

想要保持一份爱情的平衡，谁都不该欠谁太多，亏欠感会稀释爱的纯度。"我养你"可以作为一句动人的情话，但绝不能成为爱情的根基和保障。我们站在平等的位置，才有资格谈风花雪月。我不要成为谁的负担，也不要谁成为我的英雄。爱情是世间珍贵的宝石，不是哪里痛就贴哪里的狗皮膏药。

被人爱的时候，我希望是在最接近真实自我的状态里。那一点可爱被注视着，那一点狡黠被包容着，爱从开始就是松弛坦直的，毫无杂质。倘若在糟糕的状态里，展现的自己也是偏颇狭隘的，往往吸引到的是不对路的人，很容易被一点恩赐冲昏头脑，从而失去直觉性的判断。

拥有独立人格，才会产生健康、平等、可持续的爱。

《致橡树》值得诵读百遍：我如果爱你，绝不像攀援的凌霄花，借你的高枝炫耀自己；我如果爱你，绝不学痴情的鸟儿，为绿荫重复单调的歌曲……我们分担寒潮、风雷、霹雳，我们共享雾霭、流岚、虹霓。

一旦爱中背负了沉甸甸的依赖，天平便失去了平衡，于彼此都是枷锁与镣铐。

爱是距离感，是有取舍，有分寸。

如今我有一种感受：个人的独立成长与自我探索远超过生命里与他人的相互牵绊。

这并不是残酷的，反而因此更凸显出爱的纯粹性——虽不必要，但依然为此付出真心，足见其珍贵。

相爱是很简单的事，讲起心动瞬间，人人都能想起头晕目眩、泛着粉红色泡泡的回忆，情感初期，都面目相似，是来自荷尔蒙的吸引力。而当情感步入健康稳定的关系当中，唯有时间如同试金石般，能过滤出拥有同样质地、同样氛围的人。

两个人相处得舒适愉快，不需要改变任何一方的棱角，感情方能长久。

好的爱情，是友情的另一种化身。人们往往认为爱情是友情的升华，而我却觉得，能成为真正的朋友、知己，才是这世上最高级别的爱。

至今为止，我都很喜欢美国情景喜剧《生活大爆炸》里的谢尔顿和艾米，世界上最怪的怪咖，用科学运算解决情感中可能遇到的所有危机，偶尔打破规则又是一种浪漫。他们每一次对于感情的思索甚至能有助于人类的发展——并不夸张，婚礼上的拌嘴直接启发了他们最终获得诺贝尔奖的理论。

艾米是神经生物学博士，她的研究证实过"一见钟情违背科学"，所以她并不是爱情的拥趸。谢尔顿是物理天才与怪胎，从不懂得与人类产生情感，也做好了孑然一身的准备。

犹记得谢尔顿在好友婚礼上的一段精彩致辞："人穷尽一生追寻另一个人类共度一生的事，我一直无法理解，或许我自己太有意思，无须他人陪伴，所以我祝你们在对方身上得到的快乐，与我给自己的一样多。"

而幸运的是，他最终发现了可以从对方身上找到极大快乐的爱人，比自我世界更丰盛。他们情比金坚，用一套常人无法理解的逻辑和规则来相处，你我分别有所退让，也提前讲好彼此的坚持。

这或许提供了一个最好的维系情感漫漫长路的参考——只有爱是不够的，有共同分析问题的耐心、解决问题的能力、永远保持自我坚持的独立性，并且相信两人可以在源源不断的问题轮回里坚持走下去。爱是需要一点智慧的，哪能都盲目来盲目去。

现代社会里，谁还希冀一份藤蔓般共生的爱情呢？你缠我绕，谁离开谁都活不了。也不想做寄居蟹，以为找到稳定感情就可以寄托全副身心。

　　最理想的状态，我想是大家一起做并肩而行的小船，各自有着精彩的航线。浪急的时候互相指引，风平浪静时就在码头停一停，你讲玫瑰、月亮跟流星，我同你诉说海草、渔人和天边的夕阳。

但愿你会老，那就天下太平了

近年来愈发感觉到，有一些女人，像葡萄酒，年轻时或许青涩平淡，不显山露水，品不出惊艳的味道，但随着时间推移，反而各种气度都凸显出来。酒的生命是在不断变化中积累深度，似乎人也同样，于漫漫时间长河里提炼丰厚的人生体验。

认识一些年长的美丽女人，那种美是跳脱开一切外在的衣裳饰物，也能深刻体会到的。挺拔风姿、面目素净、有修养与品位，锤炼出独特风格，人的质感远超出时尚本身。

有时候我们讲保养，单靠护肤品、营养品，都只是浮于表面的抗老。也见过很多美人坯子，早早地为了"冻龄"做出矫枉过正的举动，对维持 20 岁的状态有执念，对自己狠下心来大动干戈，难免会透露出歇斯底里的走形面孔，叫人惋惜。

小时候不懂，觉得漂亮是一种表象，譬如光洁肌肤、三庭五眼的优势，现在才意识到，随着年龄的增长，气韵比五官更重要，姿态比身材更需要。

前段时间出差，与一位女士同行。她与我们父母辈同龄，掌管着一家企业。每天工作时间从早上 7 点至深夜，一个人顶三个人用，爱喝酒爱美食爱大笑，宴会上永远是话题开创者，贡献最多趣闻，精力用不完似的，甚至逛街购物都比我们脚步轻快些。

有两点我记忆犹新。一是她风风火火，从不说累；二是随时随地眼神透亮，目光如炬。

我实在钦佩，聊天的时候讲到精力培养，她笑说，真的不累啊，一直都觉得自己还像小孩子，对很多事抱有热情期待，喜欢玩喜欢闹。"还有哦，"她眨巴着眼说，"要一直恋爱！无果也好，被爱伤害也好，要让自己沉浸在饱满的情感里。这比什么都能让你发光。"

当然还有一点没讲的是，她在全神贯注地做自己喜欢且擅长的事业，每一天都从中获得充实的成就感，一种成竹在胸的对人生的把控力。

一个人显年轻，大多是因为身体的力量感与神态中透露出的光彩。

永不枯竭的探索欲再加上自我内核的稳定，使一个人能够维持长久的精神状态。

我总觉得，人变老是从屈服于世故开始的。所谓中年人的油腻感，因着多活了些年岁，产生了超出自我认知的满足与愚昧，培养出不可一世的优越感，心却是颓废的，不再对权威有丝毫抵抗力，开始顺从旧规则，自发成为旧秩序的守护者，觉得一切都理所应当，无须再成长。

我希望在人生的时时刻刻都可以提醒自己：无论如何，做一个愿意对世界抱有好奇心的人。

有些人，无论年龄与性别，或是经历了什么困难险境，依然可以像红宝石一样，始终有坚定的本质，自然而然地发散出璀璨的光。毛姆在《人生的枷锁》里写道："我总觉得你我应当把生命视作一场冒险，应当让宝石般的火焰在胸中熊熊燃烧。做人就应该冒风险，应该赴汤蹈火，履险如夷。"

让他们发光的从来都不是精心呵护的容颜，而是这团永不熄灭的火焰。

年龄从来不是美的障碍，反而可以成为一种正向的叠加和沉淀。美不应该是单一平面的，它是行走世界时所有感受的综合体，是精神世界的映照。

那些老去时也美丽着的女人似乎都有这样共同的特点：清澈见底的眼神、未被世故打败的天真、依然有对爱的向往以及生机勃勃的精神气，愿意花更多的时间思考自我而非在意外界的声音。

我观察她们的特质，其中两点尤为明显：一为自律，二为自由。

自律是指克制的生活方式，无论是外在工作的动力，或者自我的高度约束，心里始终有一股恒定力量在支撑，因而体现在外在容貌上也是明亮的。永远斗志昂扬，时刻发光，精力充沛，不知疲倦，有一种向上的精气神。

自由是指选择性，自由惯了的人就很爽朗豁达，一切自由环境下孕育出来的人都显得更为朝气蓬勃些。

再加上一点童心和懂得快乐的能力，便有了视年龄为无物的气魄。

人人都有变老的权利。这件事不好也不坏，但就是会发生。不如坦诚地面对吧。

我一直相信容颜是精神面貌的直观反映。人要去跟时间对抗，是很累的。有随它去的心态又有克制自我的能力，才是与世界长久相处的好方法。

年轻人的眼神里有天然的风采。因为涉世未深，自然对这世界怀揣着无数好奇与善意。然而一旦经历过成长的苦难，眼神难免透露出疲惫与气馁。所以他们才常说，一个人是否因年龄增长而变得成熟，看眼神就知道了。

一双眼睛，能透露出全部心境。有的人纵是历经沧桑，依然有一双倔强恣意的眼睛，不屈服，亮晶晶，偏要勉强，偏要燃烧。

以前人们老说周迅有小孩子的眼睛，太诚恳。人家问她："可以分得清戏里戏外的情感吗？"她回答："以前是分不清的，但现在会分清楚，因为吃了很多苦。"这段采访是在 2011 年，那年周迅 37 岁，依然顶着小男孩的短发、扑闪着明亮的眸子。

好像这么多年总没变过，仍然赤诚、全然相信、敢爱敢恨。40 岁还在谈孩子气的恋爱，给自己预留的成长时间非常漫长。

经历过风霜的眼睛，有沉淀的故事，却没有向生活俯首称臣的麻木与疲倦，真好啊。

在我看来，无限崇尚"幼龄审美"反而是虚伪的，它的另一个层面是：年纪轻轻就在追悼过去，谈着老气横秋的话题，给自己设置年龄限制，早早地放弃挑战、风险与希望。

　　年轻是旺盛的生命力，是勇猛、性感、力量，是闯荡世界的勇气，而不是永不止境地做一个长不大的低龄儿童。越是刻意经营"少女感"的女人，越容易被人捕捉到眼神里的疲态。一个人，唯有对自己的存在以及现在发生着的一切坚信不疑，才会从时光里积累出醇厚的质感，然后自然散发出风致来。

　　亦舒在《玫瑰的故事》里写道：

　　"但愿你会老，玫瑰。那就天下太平了。

　　"可是远着呢，她并没有老，我可以想象她年轻时的模样。一只洋娃娃般动人，却毫无思想灵魂，但现在，她的一只眼睛就是一首引人入胜的诗歌。也许十年前认识她，我会约会她，但我不会像今天这样爱上她。"

　　爱上一个"不老"的女人，她的眼睛是诗，唇是音符。活在盎然的精神里，有着天真活泼的心，爱得旁若无人，也被同样质地与密度的爱映照着，任是到了白发苍苍，也是美的。

女强人

我是第一批 90 后, 在我生长的时代里, 自由竞争的社会氛围已经颇为浓厚了。我们那个城市虽小, 但思维观念上还算新潮, 没什么太多男主外女主内的刻板印象。谁管你是男孩女孩呢? 总之都是要一起披荆斩棘、过关斩将的。

我从小也没被人教育过像一个"女孩子样", 譬如一定要温顺贤良、轻言细语、不争强好胜——这倒完全是随天性的。因为没受过什么个性束缚, 我完全野蛮生长, 小小年纪就伶牙俐齿, 嘴巴不饶人。

爸妈讲, 小时候试探着问我要不要去学点兴趣班, 弹弹琴跳跳舞? 我扭着脑袋说: 这是你们自己的兴趣, 请不要强加在我身上, 这是我应该有的自由。

那一年我 8 岁。爸妈觉得好笑, 便也随我去了。

但我自小又很要漂亮。人家讲女孩子还是不要早早地爱漂亮好, 免得心思活络, 我就要认认真真地穿衣打扮。这一点我妈最支持我, 稍微有款式一点的衣服都是她替我张罗的。

人家讲男孩子脑袋灵光, 学得好数理化, 女孩子的理科思维从中学起会进入瓶颈。我爸说: 没有的事儿, 你得相信自己足够聪明。这种信念很有用，读书时候，我的数学和物理学得最好，常常考第一。也不为什么，就想争一口气。

爸妈知道我这点执拗，谁也不干涉，任由我去。说起来童年也没什么特别了不起的事迹，但这些"不被管着"的经历让我内心一直都很澄澈，可以轻轻松松地面对之后人生中的很多难题。

当然，做一个女孩，也并不是没有在成长过程中听过隐晦的规劝："或许女孩应该踏实本分点""闯荡世界是男人的事""按部就班结婚生子不好吗？"……但我向来是很有主意的一个人，从未受过这些声音的干扰。爸妈也无限支持我，只把这些话当作笑谈。

我从小便知，一个人的能量、胆识甚至思维方式，都不是由性别来决定的。但如果一旦开始怀疑否定自己，定会步步落入刻板印象的心理暗示陷阱。

并非每个人都应当全方面发展，人各有所长，在自己擅长的领域努力就已然是一种成功了，而这种擅长不应当由生理性别决定。你就是你啊，不因为是男孩或是女孩，才被决定着要走上某一条大众所期待的路线。

常常有人问我"谁给予你最重要的女性力量"？

我一时也答不上来，因为家庭关系，我没受到过区别教育，更没有感受过抑制的女性力量。我做的所有决定，大多与我是不是"女人"无关；我坚信自己存在在这个世界上的价值远远胜过"女"的表象，更多取决于我是一个"人"的独立和完整性。

不只是我，也不只是所有的女孩，无论是男性女性，年长或年轻，身处什么样的位置和有过什么样的经历，都应该多多想一想：我是谁？如果我不是××的妻子，不是××的丈夫，不是××的女儿，我还是一个可爱的人吗？

如果一定要讲一个榜样，就讲我的妈妈好了。她是一个普普通通的可爱的人，50多岁了，依然漂亮得发光，不是那种慈祥母亲的光，就是纯粹的女人的光芒，很有魅力。

她爱憎分明，没什么生活的灰色地带，从不教我讨好与忍受，抑或任何生活的智慧。她的原则是：对喜欢的人一味地好，不求回报地好；对讨厌的人也敢当面掀桌，管他什么权威，完全不计后果。

我的妈妈，这辈子的词典里，都没有"隐忍、牺牲、奉献"这些苦兮兮的词，她直截了当，靠情绪和想象力行走人间，很懂得美。

我从小她就与我平起平坐地交流，把很多事的选择权交给我。

她常说，她跟我不一样，不是一个怀有极大梦想并愿意拼搏的人，她是一个不折不扣的享乐主义者，但是她会支持我的所有决定，是我永远的崇拜者。

中国有句古话叫作"为女本弱，为母则刚"，我一点也不喜欢。母亲不是理所应当地无坚不摧，她们不必然要成为生活里只剩下牺牲和奉献的超人。她是母亲，是妻子，但重要的，她也是她自己，有脆弱的权利，有自私的权利，有成为任何人的权利。

所以我很感谢我的母亲，感谢她一生快乐美丽，不讲苦难，从没给过我沉甸甸的感情牵绊。这使我轻装上阵，不用为爱背上枷锁，做一切自己想做的事，做真正的大人。

因为她，我坚定地认为：一个人，即使做了妻子、做了母亲，也可以继续做一个纯粹的人，抛开一切的社会身份，她还是她自己。

她有自己的人生，也允许我有自己的。

想来这才是真正影响到我的女性力量，使我在成长的过程中始终内心笃定又轻巧。

"女强人"不需要表象上的男性化，像电视剧里营造出的那般桀骜霸道的做派。她们可以坚强又温柔，如同水一般，细流绵长，但也有着奔腾的力量。女性力量从来不用站出来摇旗呐喊。做自己热爱做的，做自己可以做的，不被性别标签干扰了方向，便能在自己的一方天地里熠熠生辉。

我感谢我所身处的时代和环境，纵有一些不如意，但允许女孩也有自己的梦。

性感的高尚

时代审美怎么变，我都爱性感的男人和女人。

性感是一种复杂的气质。不同于漂亮、可爱、清纯这些单一的标准，"性感"这件事天然携带某种神秘的特质，给人以想象，具有直戳心脏的震撼力。

我最初关于"性感"的具象认识，起源于《西西里的美丽传说》里的莫妮卡·贝鲁奇。她的好看像清晨的春梦，是触手可及的幻影。或许种下了诱发邪恶的种子，也能引发弃恶从善的良知。

这或许直接影响了我对女性的审美，一直到现在我都偏爱丰满型的女性美，譬如厚实的胸怀，健硕结实的双腿，浑圆的胳膊，以及一双湿漉漉、亮晶晶的眼睛。

据说宁静在《阳光灿烂的日子》里面为角色增了肥，就是要这么一个健硕饱满的形象，才有了区别于旁人的成年女人的韵味，那是十几岁男孩无限向往的成人世界里的神秘，是最初的青春期的性启蒙。

我至今都忘不了她让马小军给她冲头发，水壶里的水顺着她颈子的根部、后脑勺、黑发慢慢地流淌下来，整个场景都是在一种雾蒙蒙的金光里，她用一双黑白分明的大眼睛直直地看着马小军。

镜头外的我也愣了神。脑子里冒出王小波的那句"风从所有的方向吹来，穿过衣襟，爬到身上"。

性感是这么一回事：充满了力量感和渴望，使人向往，予人遐想，但有绝对的威慑力和界限。

我从前开玩笑地说西方审美里的女性之美，是"有趣的、热爱运动、有幽默感、能一个人背包满世界旅行、性感得令人喷鼻血还能顺便自己把车给修了"。现在想想，其实就是一种旺盛的生命力。性感是有关生命力的。

如果说东西方审美文化差异大，可偏偏在公认的性感女神这件事上，有着惊人的一致性。

莫妮卡·贝鲁奇的性感是神性壮阔的，夹杂着冷艳和哀伤；安吉丽娜·朱莉是野性和张力，攻击力旺盛；斯嘉丽·约翰逊温热柔软些，暧昧也亲切；巩俐有睥睨天下、傲视群芳的气度，可大俗大雅……但放在一起看，都是浓油赤酱、活色生香，叫人甘愿臣服。

顶级的性感女神，有广阔的神性，像母亲，像大地，像祖国。

我常认为，东方的性感中会多出一份缠绵悱恻的风韵。

我心里的极致是王祖贤那样的，至清至妖，含蓄里自带风流。仅仅有媚态是不够的，还有那股坦坦荡荡、不计得失的痴劲儿。这就愈发动人了。

又想到倪妮在《金陵十三钗》里演玉墨的情形，从未在近些年的大屏幕上看到这样风情得浑然天成的年轻女孩儿。长相清淡素净，眼角眉梢却极尽风流。更别提那般窈窕婉转神情、身段和姿态。

张雨绮是另一种性感，不冷艳不遥远，豪迈、热烈、有温度，像女儿红，也像最红最艳的胭脂。她笑眼眯眯，但本质刚烈又自我，身上一股倔劲儿，有着饱满充沛的战斗力。

细数这些全世界林林总总的性感女人，似乎从身上都有一种把控全局的主动性，绝非讨好的卑微感。

她们性感，也同样具备承担这份性感的冷静和力量。

性感里必须要有一份骄傲。

听起来有些矛盾，但性感就该是层次丰富的，不空洞，不浮于表象，有着扎扎实实的内核。这种内核便是"力量感"。

没有力量感的性感是色情杂志里衣着暴露但柔弱无力的女孩。她们被要求乖巧轻佻、扭捏作态，好似玩具布偶，等待服从与归顺。

为无数女人量体裁衣的山本耀司在《我投下一枚炸弹》里写过，童年时代他在母亲的店里看关于服装剪裁的一切，观察过各种不同女性的形象、行为举止和体态神情。

他讲："没有什么比女人在工作的当下更为性感。"因为工作着的女人，有着无意识的掌控力。他痛恨所有为了男人打扮的女人，痛恨让女人穿得如同娃娃一般，痛恨女人沦为附庸。

那种卖弄风情无疑是一种媚俗。

世界上最懂风月的法国人，在为女人做内衣的时候顺便出了一本《性感课程》，输出性感理论，第一条便是："为他带来世上最好的东西，但学会向他说不。热情似火，但冷若冰霜。"

这一条颇为高明，情感和情欲的起承转合都掌握在自己手里。这是比穿裸露内衣更性感百倍的绝招。

我倒从不觉得暴露肉体即低俗。我们每一个人的身体，原本都是美丽的，都应当得到礼赞。高贵的灵魂，即便全裸也是彻底的性感，但这个分界线在于是主动展示美，还是被动接受观赏。

意识一旦下流了，怎么都不会性感。

性感里有聪明的大脑，有迷人的个性，有骄傲的态度，有诸多错综复杂的情绪。

最重要的是，性感里没有讨好，只有生机勃勃的力量。性感使人向往，予以遐想，但它有绝对的威慑力和界限。

人们常说，智慧的大脑是一种新的性感。事实是，没有足够的智慧支撑，性感不能称之为真正的性感。性感必须充满智识。

当代社会的审美弊端，往往在于执着眼球的劲爆，放弃精神层面的诉求，于是"性感"二字被肤浅地污名化，大多数人不愿意坦坦荡荡做一个性感的人。

怀念 20 世纪 80 年代的港圈风尚，那个时代的女明星，就算刚刚 20 岁出头也可以自愿朝着美艳性感的方向发展，不忌讳"熟女"人设，红唇乌发、丹蔻指甲、摇曳生姿，也不曾掩盖角色里的情欲。既欢迎清纯玉女，也不乏浑然天成的性感。

真正是万紫千红，百花齐放。

如果感慨当今时代出不了曾经的尤物，也是因为浮于表面的快餐审美扼杀了她们的诞生。性感无内核，则尤物不再。这是艺人的选择，也是观众的选择。

性感无罪，爱自己的身体，是爱世界的第一步。

从前达斯蒂·斯普林菲尔德被建议不要署名自己参与制作的音乐，因为"别表现得太聪明了，不然我们不会喜欢你"。女歌手被默认为需要漂亮、服从、懂礼貌，才能被喜爱。20世纪80年代的麦当娜横空出世，掀起了坏女孩浪荡风潮，偏要爽朗大笑、英勇反叛，偏要自由和野心。

女性在拥有了自我意识之后，才会释放出真正的性感。

性感当然无罪，因为性感应当是高尚的。

气场修炼手册

经过长期观察后，我得出一个结论：一个人是否被感知为"美人"，并不真的取决于具体的五官硬件，而大多来自她举手投足之间散发出来的气氛——一种令人不得不留意的、令周边氛围如水中荡漾起涟漪般微微浮动的光环感。

越到顶级的美人层面，就越是光环感的比拼。谁在乎大美人的那些小小的五官缺陷呢？很多时候，光环感到位了，缺陷就变成了迷人的特质。

在普通人身上，也一样适用。从一个平凡女孩出落成人群中发光的美女，并不一定只能通过减肥、整容这些硬件的改变才能实现。很多时候做这些事，是让自己的心理状态发生变化，哗地一下觉得自己改头换面了，心里的发光点被迅速点燃。

有一次在飞机上我看了一部美国爆米花电影叫作《超大号美人》（*I feel pretty*），讲的是一个向来自卑的胖女孩 Renee，因为一次无意间的脑震荡，产生了一种奇特的特异功能——看镜子里的自己变成了绝世美人。虽然外形并未发生任何改变，却因为自我认知的偏差，变成了无比自信的女孩，有了美女光环，竟然一步步获得了以前可望而不可即的事业和爱情。

Renee 并没有变好看，但是心态的转变让她迅速掌握了"美女法则"——这是一种只可意会不可言传的心理暗示，并直接影响了她的行为举止作风，具体表现在勇敢、大方、自信（虽然也多了一点讨人厌的居高临下的同情心），但整个人变得舒展随性，敢于施展魅力魔法。

这个故事听起来荒谬可笑，但又有一点点合理。有时候美女不在骨也不在皮，核心却在于那种由内而外散发的光环感。换成现在时兴的词，也可叫作"气场"。

气场就是当你遇到一位美人的时候，你会忘记她鼻子眼睛具体的布局。亦舒将玫瑰描述为"她的美丽是流动的，叫人忍不住看了又看"。

讲不出那美的细节。美丽是对观者的心灵触动，是不吝于促狭的五官标准。

以前人们总是玩笑说，如果一个人不够漂亮，就夸她有气质。但我倒是认为，是气质造就了"漂亮"，不使这"漂亮"落入乏味的俗套。气质就是漂亮外面镀的一层金光。

这个原理适用于所有人。

自信当然是通往气场的主要原动力。而自信是一个抽象的词，如何获得自信，如何正确使用自信，也可以付诸扎扎实实的努力。

首先当然还是要了解自己。听起来简单，却不那么容易达成。如果真的可以人人做到，就不会有对主流审美趋之若鹜的跟风效仿。人穿什么我穿什么，流行什么我买什么。除非刚好制霸当下主流审美高地，符合既定标准，否则必定会陷入自我否定的焦虑之中。

以前我在文章里写"接受自己的一切"，但我发现具体操作起来是有困难的。人人都在为自己与生俱来的某种不足而困扰。

以前认识一个漂亮女孩，偏胖，总是习惯将生命中的一切不顺问罪到自己的体重上。失恋了，追求不到喜欢的男孩，甚至职场失意，她总能归纳为"都是因为我太胖了"，万念俱灰。

我其实执念也很多，因为从皮肤到身材，都有一些无法扭转的致命伤，也会在失意的时候对自己丧失信心。后来我收到大量私信，接收到了无数人千奇百怪的自我执念——有背部皮肤不够光滑、脚踝不够细、锁骨不够平、腰部肤色不均、颈子上多了两条纹……看多了我就顿悟过来：你那些细枝末节的缺陷，除了你，全世界都不会在意。

对外形的焦虑才是抹杀气场的头号杀手。

所谓"气场"，有一种气定神闲和成竹在胸的坚定感。它不用对外形做过多思忖，因为了解自己，所以有一套自内而外的体系，体现在妆容、服装、发型、谈吐、审美取向诸多层面。时间久了，这种体系会水到渠成地形成。

人们常说"美而不自知"，说的是那些美女不恃靓行凶，不因为美丽而过度卖弄。绝不是她们不知道自己美在哪里。

林青霞在《今夜不设防》里说："人家夸我漂亮的时候，我不知道怎么回答别人。其实我是很自卑的。" 黄霑问她："你家里面都没有镜子的吗？你很穷的吗？"

她怎么可能不知道自己的美啊。没有镜子美人也是能透过世界对待她的温柔善意感受到如沐春风的关怀。人在接受善意的时候总是心情更为柔和，所以很多美丽的人都有一种放松舒畅的姿态，神采飞扬。

林青霞不是那种尖锐的美，她有自己的一套强烈的风格体系，维系至今。没有被镜头前要脸小脸尖、绝对的瘦削、无一丝皱纹、逆龄生长这些约定俗成的艺人审美所裹挟。

在圈内生存，就知道坚持自我有多难。不是一百分的自知自信，不可能有这般坦然。

美人都能够感觉到自己在发光，也知道这光亮的辐射范围。

普通人可以做到的是：在改变自己的时候，有坚守的核心体系，不人云亦云；有全局观，不纠结于细微的部位，有的放矢。最小的改变获得最大的收益。

二来讲讲"自我管理"。一个人的大部分硬件都是由先天基因决定的。眼睛或大或小，肩膀或窄或宽，皮肤或黑或白，纠结这些基因携带的特质我看并没有意义。就像老天给你的一副牌，先想办法打好它，而不是急急忙忙去换牌。

一定要从硬件出发的话，不妨从肤质和头发着手。因为头发是长期生活状态累积的反映——身体健康、生活习惯良好、有时间和精力细心打理，不是一两天临时抱佛脚来的。皮肤亦然。 这两项受后天的自我管理影响最大。

虽无完美一说，倘若一个人能保持头发与皮肤的洁净光滑，无论男女，就已经能给人留下不错的印象了。

当然自我管理当中也包含体型体态管理。这里讲的不是"体重管理"，因为我不觉得"瘦"是美的前提条件。绝大部分人的体型都来自遗传。有些人先天会比另一些人更为丰满，骨架更大，这绝不是不美的。

大体重女孩同样可以保持紧实的线条和挺拔的姿态。

很多体型原因是基因决定的，在此基础上依然可以进行管理。而由于不节制、懒散的生活态度而导致的臃肿颓废，则不应该用"多元之美"来为自己寻找借口。

总得为美付出些什么。

倘若接着体型向下讲，体态是比体型更关键的影响因素。

我遇到过体态优美的人，无一不是美人。胖一分瘦一分倒是无太大影响，但是脖颈颀长、肩膀开阔，走路带风，实在是好看。

纵使顶漂亮的脸蛋，配上驼背勾头，一样大失风采。

如今市面上能找得出以体态优美取胜的女明星，几乎都有扎实的舞蹈底子，以芭蕾尤甚。芭蕾使人向上牵引，无限伸展四肢，将肌肉形状拉伸得纤长，并且形成记忆力，对日常生活中的体态有极好的改善。

我也没学过舞蹈，但我青春期没有养成驼背的习惯，还算是个挺拔的女孩，这完全得益于我妈的严厉控制。后来自己一松散，加上长期伏案工作，也容易造成脖子前倾，为此苦恼。

于是去上健身课，学到几个基本要素。一是要练习核心肌肉群，练习腹部力量，才能走路英姿挺拔；二是注意背部练习，收紧肩胛骨，使肩膀打开，避免圆肩驼背。

除了进行肌肉练习，也要多注意姿势放松开阔。譬如拍照时不要专注于显脸小，缩头缩脑，可以试着多仰头直视，展现不卑不亢的态度。

三可调整自己的神态。神态的核心要素是眼神。

美丽的人目光如水，既有水的流光溢彩，又有情绪流动。总的来说，培养气场，最终传达的窗口还是眼睛。

无论个性如何，温柔的、妩媚的、锐利的、野性的，眼神都应该是定的，专注、集中，不要闪躲。学会直视，在一个定点停留的时间更长，不急急忙忙，不飘忽不定。

眼神定格时间长且有力，会给人强烈的震慑力。同一个人，突然开始挤眉弄眼，美感也会随之消失。

常说美丽的人都有很深邃的眼神，深邃给人以故事性与神秘感。美人的气质可以多变，但不变的是眼神的灵动感。生活中遇到好看的人，也会觉得"啊，喜欢他的眼睛亮亮的"。

所以更要保护好自己的眼睛，尽量不戴大尺寸的美瞳，以防遮盖眼睛本身的光芒、画浓重眼影不如将睫毛打理得根根分明，看人的时候直视对方的眼睛。

四应当控制行为举止的节奏。我总是认为，慢比快更好。

不是说做一个慢吞吞的人，而是避免冒冒失失、急急忙忙，节奏上可以相对有条不紊。

咋咋呼呼的人很难给人以美的观感。纵观生活中我们结识过的美人，好似都有一种沉得住气的从容气质，不会在人群中分外聒噪、大呼小叫，行为举止给人以优雅的印象。

有一些小动作会直接降低美的气场，譬如：瞪眼睛、尴尬勉强的笑、持续低头摸额前的刘海、捏衣角……多是紧张和不知所措的表现。

有一些小动作则会提升一个人的灵动性，譬如：讲话前先侧头思考一下、与人眼神交流的时间停留得更长一些、有连贯性的变化、言语行事有逻辑。

清楚地知道自己在做着什么，并且坚信不疑的人，自然能散发出一种翩翩风度。

以上林林总总的方法都基于我在生活中的观察。我很不赞同市面上流传的速成变美的捷径，好像改变身体的某个部位就能改头换面。美是生活哲学的总和，是由内而外的对于世界的认知。其中千丝万缕的关系，牵一发而动全身，需要很多的智慧。

如今每当人们谈到气场，就鼓励自信，泛泛而谈。总该有些方法可以辅助练习。依我看，如今"缺乏自信"已经不是当代人的共性，如何自知、合理运用自信、将自信体现在正确的态度和行为上、不过度自信，可能更为实用。

写字的女人

　　我是一个作者，一个女作者。

　　面对互联网广袤无边的世界，讲着一些鸡毛蒜皮的生活和思考的碎片，发出一点儿作为女人的个体——又或许是有着这个群体广泛代表性的声音。

　　我的读者里 90% 以上都是女性，我见过她们中的一部分。她们的年龄范围极为广阔，上至 60 岁的阿姨，下至有个性的中学女孩子，都在读我写的东西，有时会产生不同的观点，与我反馈。

　　有一个旅居海外的阿姨，住在美国西海岸边的一栋美丽庄园里，常常给我发来照片，邀请我去她的城市时，一定要到她家做客。她喜欢我写的很多中西文化的交融、古里古怪的时尚观点，汉语表达以及提到家乡的种种，这些都让她有所触动。我听她的故事，从她身上看到一个未曾触及过的广阔深远的世界，而她或许在我这里体会新鲜的思考和温柔的怀乡情。

　　我常常感到受宠若惊，有时想：她们喜欢我的什么？我的表达是否有意义？

　　我没有丰富的人生经验可以传授，也不是妙笔生花的天才写手，并非篇篇有掷地有声的观点输出，一切都是围绕我自己的生活展开，喜好和偏见，欢快与愤怒。年轻的读者也许想要成为我（的某个方面），年长的读者也许看到了从前的自己（的某个侧面），也许是因为看到了一种不同的生活方式，启发她们关于未来的选择，关于过去的追忆。

30 岁生日那天，我收到读者写给我的留言："再过半个月我也 30 岁啦，幸运的是，我是心怀欢喜地在期待着，小时候我也曾以为 30 岁该是很衰的样子，可是真到了今天，对比 20 多岁的自己，最笃定的就是现在。感谢陌生又令人相信的你，给予我们这么多普普通通的女子在这焦虑和繁杂的成长中，以蓬勃笔挺的样子，激励我们。"

我在私下的生活里是情感诉求非常稀疏的人，朋友不多，表达欲也不太强。唯有在写作的时候，心中似有汩汩热流，有很多话想要袒露倾诉。在这个只有我一人独自耕耘的天地里，我并不孤独，我有倾听者、有热切的目光、有来自她们的数不清的故事。

好多话，我只是讲给自己听，写给自己看。恰好有人在相似的境遇里，这些话便有了回响。那些埋藏在心里没有讲出来的声音，借由我这个陌生人的嘴，全然释放。人是这样的，明明心中已经有答案了，但还是想要在茫茫人海中听到一点回声，靠着远方声音的牵引，才能从一团乱麻里抽出一点头绪，走得更踏实更坚定些。

有时真是感慨，在书桌前灵光闪现写下的文字，漂洋过海，也许就刚好在某一刻触动到了那个我不认识的女孩，因此我们有了交集连接。哎，我这样一个微不足道的人，机缘巧合竟也在别人的生命里留下了一些痕迹。

昨天有人跟我讲，几年前曾处于一种不健康的精神状态里，自我认知低下，总是不断折磨自己，后来看到我写的 "每个女生都该去好好认识一下自己，找到喜欢自己的那些部分，让它们熠熠生辉，而不是竭尽所能去追求自己基因里不存在的却被大众定义成'美'的东西，然后在求而不得的纠结里平凡地度过一生"彼时产生了强烈的心灵共振。现在想来，再也不会为小小的外貌缺陷而焦灼不安，就觉得人生豁然开朗。

回想起来，大约 5 年前，我总是在批判 "时代审美单一是世界无趣的开始"，但很明显，近几年审美多元已经成为一种共识和趋势。女孩们逐渐意识到曾经被凝视、被物化，开始集体反抗，以至于时装界的"0号崇拜"也逐渐瓦解，一个尺码代表不了全世界。

我们是在一起携手让世界变得越来越好的。

有时候我们会见面，有好几个女孩说："认识你的时候我还是十几岁的高中生，现在我都长大了。很多难挨的时光，谢谢有你陪我度过。"

我说："彼此彼此。"生活怎么会时刻顺风顺水？总有无穷尽的起起伏伏、高高低低，能有人在身旁陪着，我陪你、你陪我，需要的时候扶一把、推一把，那种无言的默契感真是颓废时刻的强心剂。

很多时候我也从其他的女性作者那里获得澎湃的激情，一想到，哇，40 岁、50 岁还可以这样过，太酷了。知道还存在着这样一种可能性，本身已经令人振奋。

几个世纪前的简·奥斯汀讲："如果结婚不是为了爱情，那还不如独自生活。"路易莎·梅·奥尔科特讲："如果我不能被人爱，至少我要赢得尊重。"100 年前的伍尔夫更为直白："女人要有钱，和一间自己的房间。钱意味着经济独立，房间意味着独立思考的能力。"

现在往回看，的确是真知灼见，有先见之明。

在任何时代中，一个可以在某些群体里产生影响的人，其表达都是有强烈意义的。

女人之间的情感是很厚重深远的。女性，作为一个整体，似乎从来都有着相似的命运与困惑，天然携带着共担压力、背负彼此期待的纽带。因为长久以来，我们仍然处于一种被凝视和规训的社会语境里，被迫消耗大量时间内耗，而忘记个体的价值意义。如今我们默默地牵手，已经是一种力量的传递。

我从没感觉到自己在有意识地为"女性"的浩大群体而发声。但我知道，如果我幸运地拥有了发声的窗口，就应该为"我们"做些什么。

想起竹久梦二写过的一则短短的故事，讲述女人的一生：

"婴儿躺在摇篮里，突然发现自己的身体分出了枝杈。让她吃惊的是，枝杈的顶端又分出了许多小枝。这小枝的尖端，竟生了红嫩的骨。"

就这样，摇篮摇走了一年的光阴。

人们告诉她，那些奇怪的枝杈是手和脚，小枝是指头，而嫩红的骨是指甲。然而，这并没有解开她对生命存在的疑惑。后来，她离开摇篮，去了学校。老师为她解说人体的构造，却并没有解开她对生命产生的好奇。礼拜天，她去了教堂，牧师告诉她，一切都是神谕，然而这并没有解开她对生命消亡的思虑。

不久，她嫁为人妻，就不再思考关于手的问题；

后来，她成为人母，已经忘记了关于脚的事情。

女人，她普通的一生往往即是悄然无声失去自我的一生。

现在的我，很想伸出身体的枝杈，与同伴们相互传达：我们还有自己的手与脚。

女性主义的发展从来不是轻而易举、随随便便就发生的，甚至比所有的社会变革都要更为艰难坎坷。几百年间，无论社会曾经多么压抑黑暗，总是会有大胆的女人站上舞台，勇敢表达。倘若不是这些女人的自我发声，谁会来为我们摇旗呐喊呢？

在我写公众号的这5年来，陆陆续续写到过女子的种种困境，但也实实在在地看到很多好的变化与发展。

那时我写过中年女性的困境——过了30岁就开始受限于年龄焦虑，仿佛即将被社会抛弃。而现在我自己也到了30岁，不仅不恐慌，还有点扬眉吐气的意思。很多人管近几年的趋势叫作"中女时代"，意思是成熟智慧的大女人拥有更多的话语权。

商业在宣扬女性力量，媒体在传播女性力量，文化行业在塑造女性力量。无论这其中真心几何，但至少我们知道，群体的厉吼开始刺破天际了。

现在想来，传统观念里女性应当具备的美德——内敛、低调、温顺、寡言，都是一种换了形式的道德压迫，只是堵住了女人的嘴，封住了女人的脑。很长时间以来，在大部分拥有绝对话语权的领域，女性总是被边缘化。并非因为女性缺乏相应的实力，只是被种种无形的网困住，伍尔夫在《一个人的房间》里就一针见血地点明过：

"我相信，埋没在十字路口，没有任何作品的诗人现在依然活着。她在你和我之间，存在于今天不在场的其他女性身上，虽然她们正在洗盘子或者哄孩子入睡。"

作为女人能够云淡风轻，固然是一种美好的品质，但能坦荡大方地直面欲望，也应该被视为美德。

女性的表达，在公共平台的观点输出，都是承载着意义的。

2019 年我采访过当时最热门的女脱口秀演员——彼时的脱口秀行业，还由绝对的男性话语主导。

我问她：喜剧行业男性数量远远多于女性，你觉得男性在幽默感上具有更大的天赋吗？她讲：一个女人，如果太好笑，就与社会传统对我们所要求的"优雅""矜持"的素养有所冲突，幽默便会成为一种包袱；但对男性来说恰恰相反，幽默是很有男性倾向的正面特质。

社会传统认知和评价体系的影响，会大大改变职业选择的差异。

　　你不记得有多少次他们告诉你：无论你多努力，都没有男孩的学习后劲大；男孩天生就是比女孩更聪明；男生天生适合学难度高的物理化；世界上第一批程序员是五位女性，现在他们说女性不适合学计算机；世界上第一位司机就是女司机，现在他们把"女司机"当成笑谈。任何职业，只要有利可图，就不会被女性占了上风。

　　脱口秀和写作是一样的，人只要表达，就会涉及视角与权力关系。

　　如今女人们恍然大悟，我们要做的就是一点一点推开那些无形的束缚。如果有人告诉你女人应该沉默是金，勇敢地反击他们：不，我们要一直表达，一直抗争。

　　越来越多的女人，拿起了"男人"的话筒，这本身已经是一种进步。现在我们要去写、去讲、去笑了。

辑三

天真的智慧

26-30 岁，2016-2010 年，写于每年的平安夜，也是我的生日。

不要轻易地顺从和投降，不要轻易地丧失浪漫和敏感，不要只看到生活永恒的苦涩，却不体会这过程中片刻的生动。

但愿我们的眼睛始终能看到繁星、月亮、鲜艳的玫瑰花、清晨的露珠，并始终为此心生欢愉。

26 岁｜不能心安理得地做一个"傻白甜"

过了这个圣诞，我就正式脱离 25 岁，迈入新的人生阶段了。

为什么我要把 25 岁定位为一个分水岭？因为我觉得无论是从身体和心智的角度来看，还是从阅历的角度来看，25 岁才是真正破茧成蝶，蜕变成一个成熟的大人的年纪。

也许在前一年，我还会下意识地觉得：他们是大人，而我还是个小孩。如今却完全适应与成人平起平坐，有勇气独自面对世界残酷的一面，也有底气说出：我能为世界做点什么，我正在为它做着些什么。

25 岁以后，要开始人生中最好的时间段了。有无畏的勇气，也有冒险的底气；拎得起名牌包，也穿得了便宜货；能随心洒脱，也能挑剔至死；可以野生放养，也可随波逐流。眼角的每个小细纹，都能讲出一个暧昧性感的小故事。

有人问我，人们如果不在乎变老，为什么还要抗老？ 我觉得并不冲突啊，让自己变得更好是人类发展进步的阶梯！人不是要和别人比、和时光争，是在为自己创造一个机会，多一种选择。抗衰老不是不能接受衰老，而是不轻易被岁月蹉跎，暴风雨来袭的时候，不至于瞬间缴械投降。提前做好了准备，水来土掩兵来将挡，没在怕的。

但我们不要做标准化审美的奴隶，去大方接受自己与众不同的那部分。那部分或许不完美，但起码能使我们不泯然众人。

人类的美，不仅仅只有"袅袅婷婷十三余"，还有"既含睇兮又宜笑，子慕予兮善窈窕"。何至于要将永葆 18 岁作为奋斗目标？在每个年纪都有正当时的好看，不是来得更潇洒？

我不想要一张稚嫩的脸，我只想要坚定不移的美。

从小别人就说我是老灵魂，看沉闷的书，写晦涩的文字。也常被说穿得老气不鲜艳，在花蝴蝶般的小女孩身边，像一株无人问津的硬邦邦的仙人掌。

我们的审美太过强调"少女感"。在很长一段时间内生活都不由自己掌控，没有独立精神的培养，没有完善的"成人观"。每个年龄段都被规定了该做什么样的事，穿什么样的衣服，做什么样的人。

可是我一点也不想做乖小孩，我好想要勇猛、性感、浓烈，也想要成熟的大脑和独自闯世界的魄力。心里明明有一座火山，为什么要扮演一个卖火柴的小女孩呢？

所以过了 25 岁之后，感觉真好！

大可用最深沉的香水调，也敢厚厚地涂上红得发黑的唇膏，眼线更是能一笔飞到天上去。我的偶像张爱玲年轻时就把自己打扮得像祖母或太祖母，"脸是年轻人的脸，服装是老古董的服装，如此才越发别致"，她向往那漫长岁月里深不可测又动人心弦的美感。

从此可以大方告别甜腻的味道，轻佻的颜色和叽叽喳喳的坏品位。再也没人说这怪小孩为什么要扮大人？我也第一次感觉自己拥有了独立丰盛的灵魂。

26 岁的我，逐渐对人生有了更明晰的认知。在此之前，我常常对选择充满了困惑。如今我每天都会收到很多比我更年轻的读者的问题，他们问我关于学业、事业、爱情、自我风格的探索。

我们都是相似的，不是吗？所有的困惑和不解，我也经历过。年轻人总会有困惑，而只有未来的生命才能告诉我们答案，我们不用此刻就完全明白，只要大大方方、顺从心意地向前走着，从困惑里劈出一条路来就好，因为只有时间能为我们解惑。

26 岁的我，虽然人生经验浅薄，但也有一些想说的话。

* 01 *

摸索自我风格

寻找个人风格的过程，无外乎就是寻找自己的过程。个人风格不仅在于穿着，也同样藏着你走过的路，读过的书，爱过的人。审美是一个庞大又微妙的体系，它建立在你的态度、视野和自我诉求之上。因此，不可急于求成。

我也在寻找个人风格的路上跌跌撞撞好多年，因为那时对"自我"的意识很模糊，总会下意识地想讨别人的喜欢，完全没有独立的审美体系，连带的就是对自己的否定。年轻的女孩儿哪个没讨厌过自己的塌鼻子、小眼睛、不柔顺的头发、不够苗条的身材呢？

我觉得第一步，就是学会坦然地接受自己，不苛求自己成为某个特定时期追捧的"标准形象"。要知道，时代会变，大众审美也会变，谁都赶不及变化的步伐。

完善的审美观究竟是怎样建立的？这是我常被问到的问题。读几本书？模仿几个博主？寻找一个偶像？是，这些都是可操作的有效途径。但我的个人看法是，个人独特风格的确立，最根本在于开阔视野、环境熏陶和自身的领悟能力。

你也许会说，道理我都懂，但我太年轻了，我的经济实力根本够不上我的眼光。

美丽又昂贵的商品纵然讨喜，但最终都要落实到"适合"二字上。简·柏金本人示范怎么拿集万千宠爱于一身的铂金包时，她说什么来着？"扔在地上踩几脚，塞一堆杂物，撑到变形——包就该微微磨损、带有私人气息和岁月的痕迹。"

意思就是人应当凌驾于商品之上，你驾驭它，并非它驾驭你。好东西可以喜欢，但物质崇拜很卑微。一管口红、一只名牌包，并不会改变你太多。若足够了解自己，并拥有完善的审美体系，我相信在每一个价位档次，都有足够的发挥空间。等到买一样东西毫不费力的时候，才最能把它用得得心应手。

退一步讲，25 岁之前，在个人风格上充满了大把试错的机会。

所有的怪审美，即使轻浮，但在年轻的时候大胆试错吧，总是可爱和无畏。

* 02 *
我该不该爱他

爱情不是全世界，这是我发自肺腑地想要告诉你们的。

如果你尚未建立成形的感情观，就尽量不要让一些扑朔迷离的恋情禁锢了自己的步伐。因为你还可以去很多的地方，看更广阔的世界，遇到更多的人。

具有相同特质与气息的人总会相遇。一个人总得有作为独立个体散发出来的光芒，才会在爱情中碰撞出火花，不要过分迷信偶像剧中的恋爱法则。

我总是觉得，任何人在任何感情里都不应该表现得过度黏腻饥渴，无论是对朋友、喜欢的人还是工作。让我们在独处的时候，做一个更有意思的人吧，自我探索的乐趣是真正无可比拟的。

若当你已经身处一段良好的感情当中，大可端正心态，放下小女孩的矫情，不要对另一半报以沉甸甸的期待，不依赖别人的付出，要坦诚相待。你就是你，我还是我。我们要始终能看到对方最初的闪闪发光的那一面，也要明白每个人都是有着独立内核的个体。

希望我们年轻的生命不要浪费在一些烂感情里。

永远不要在"爱"里迷失自我。

* 03 *

未来的路要怎么走

这是我被问过最多的问题。在 25 岁之前，我们的人生尚未定形，眼前有千百条路可选，却有很多人并未做出最正确的选择。考研还是工作？出国留学还是尽快稳定下来？留在家乡还是出去闯荡？爱情还是事业？

或许根本就没有完全正确的选择，是来时的每一步，使得我们变成现在的自己。

人生中的每一个选择都有机会成本，没有万无一失，获得 A 就会牺牲 B。

而我的观点是如果还年轻，请不要在做选择的时候过于功利，先尊重自己的心声。譬如很多人询问我什么样的专业可以获得什么样的工作前景。我很乐意跟你分享我的学习过程，但我又有什么资格跟你保证未来的发展呢？所以请顺遂自己的心意去挑选专业，喜欢什么就去学什么吧。因为未来会变成什么样谁也不知道，但起码当下我们收获了快乐。

小时候我的梦想是当一个作家，现在的我辞掉工作，决定以写字为生。

我在学生年代是标准的好学生，克制勤俭、课业优异，不做出格的事，最好的未来大概就是进出高级写字楼做聪慧的白领丽人。做乖乖女的岁月太漫长，以至于埋藏在内心深处的另一个自己来得更猛烈，她说，管他呢，做点有意思的事情吧，风风火火地去闯吧。

事实证明，当时的瞬间决定给了我太多的成长和收获。人生很多事都不需要着急，时间自然会给你答案。比起每一步都符合预期的那种生活，我更希望人生处处是惊喜和奇迹。

25岁之后我才意识到，一万个人的阻止也抵不过内心的投降。

我喜欢身边的朋友到了这个年纪后，有慧眼识人的本领。既懂得浅尝辄止，也能看懂虚情假意。面对感情时有骄傲的态度，知道自己拥有足够的选择权。

有欲望就去实现，玻璃橱窗里的名牌包和鞋也能大方买来洒脱地用。知道自己的风格和品位，懂得购物的精髓是质不是量。

如果你发现有人开始拿年纪来诋毁你，大可狠狠地撑回去。几年前我遇到过一个男生，他说："我不会和25岁以上的女孩约会。"我笑着跟他讲："对啊，你的智慧也不会再超过这个年纪了。"

前两天有个朋友说：25岁之后再也不能心安理得地做一个"傻白甜"啦！我心想：太好了，18岁的日子我可不想再过一遍了，有智慧的岁月总是多多益善！

想要好好为25岁庆祝，庆祝我们能穿上将世界踏在脚下的高跟鞋，庆祝我们眼角的每一丝细纹，庆祝我们能孤身与世间的大恶贴身过招，也依然对世界保留着最朴实的善意和真诚，能肆意纵情也能坦然飒笑，性感也天真。

27 岁 | 保持天真的智慧

27 岁的第一天，在清迈的村庄里醒来。窗外树影幢幢，橙黄色的晨光映着树影照射进薄薄的纱帘，把小小的木头屋子镀上一层金边。

清迈人总说"Jai Yenyen"，意思是慢慢来，别着急。整个小镇都像时间被定格了，节奏缓缓地流。

今年去了好多地方，都崇尚"慢一些"的人生哲学。6 月在巴塞罗那，经历过一生中最长的日晒，夜里 10 点多在露天餐馆里点一杯盛满水果的桑格利亚汽酒，抬头看天空依然是碧蓝色，好像夜晚从未来临过。白昼漫长的城市，总觉得有用不完的时间，因此人人都显得气定神闲。

慢下来，才有时间和心情观察生活、享受生活，将主动权掌握在自己手里，而不被生活推着走。

也许这是对即将步入 27 岁的我很重要的一个提醒：是时候将"我"摆在很多人和事的前面，听听自己内心的声音了。比起匆忙而频繁地与他人社交，不如多与自己交流，了解自己真实的心意，不再为这个世界委曲求全。

每年的平安夜，总是平和宁静，难免诸多情绪与感悟浮上心头。

写下来，是对自己一年成长的交代，也与你们共勉。我最熟悉又陌生的朋友们，我们又一起走过 365 天了。

* 01 *
生活高于一切

从前的很多烦恼，来自把种种琐事看得太重。

丰子恺写儿童世界的真，说道："你什么事体都像拼命地用全副精力去对付。"每个人在年轻的时候大抵都很像吧，还是个大儿童，常常陷入微不足道的烦恼里，全副精力地沉溺于苦痛。

这是年轻人的纯粹，最真实最强烈的情绪。并没有什么不好，是人人都会经历的一段时光。

而我最开始学会的是，放弃无关紧要的坏情绪。好多的人和事，他们的好与坏，喜爱与薄情，都瞬息万变，配不上我们的精力与苦恼。

我们的文化里尊崇奋斗的价值，却鲜有人告诉我们奋斗的终极目的和意义。而我想，我们做的一切都该是为了更好的生活体验。比起心无旁骛地一路攀登，我更愿意走得再慢一些。人类社会设置了一个又一个的顶峰，或许只是为采撷更多沿途的风光，并非带着沉重的枷锁和镣铐盲目前行。

张爱玲在文章里自嘲是生活白痴，不懂与人相处，待人接物皆笨拙。而对生活的另一种艺术，却很能领略，譬如如何看七月巧云，听苏格兰兵吹风笛，享受微风中的藤椅，吃盐水花生，欣赏雨夜的霓虹灯，从双层公共汽车上伸出手摘树巅的绿叶——我看这才是聪明通透，撇去了一切生活可能带来的糟粕，单单留下最纯粹的生命的欢愉。

如此说来，年轻的朋友啊，如果离开一个糟糕的恋人，放弃一份没有乐趣的工作，远离一些庸俗的玩伴，都是生活变好的迹象，那我们该欢欣鼓舞，无须为此伤心欲绝。

生活定是做减法的过程，能留下来的，都是命运最珍贵的馈赠。

* 02 *
做一个温柔的人

我如今才意识到，这世界上最迷人的、最动人心弦的、最让人一往情深的，是"温柔"二字。

有时候想一想，做任性的自己又有何难？难的是用一种发自内心的博大、宽容、温和的态度去拥抱他人，那才是真正难能可贵的品质。

人生琐碎繁多，并非都是大风大浪，光是柴米油盐、人际琐事就足够令人失去耐性和体面。大部分人不一定是为五斗米折腰，而是为生活的乏味、无趣、细碎而放弃理想中的温柔姿态。所谓的"温柔"，其实就是比旁人多沉得住一点气，多一些耐心和宽容，多一点坚毅和不屈。

温柔是最高级别的强大。于人温柔，是对世界极大的包容与耐性；于己温柔，是无愧于心的笃定；于物温柔，是心中清如明镜，懂得大爱。

* 03 *
认清自己并不是无所不能

这个时代鼓吹梦想，这是一件振奋人心的事。而我总觉得不该过分鼓吹梦想，会使一部分并不是真正拥有梦想的人忘记脚踏实地、量力而行，只想着投机取巧，快速致富，成为所谓的"人生赢家"。

资本膨胀的年代，既能给天才以机会，也能给自大的人以幻想。很多人看到他人光鲜亮丽，叹自己只欠一个机遇。可机遇总会留给有准备、有实力的人。越是今天这样的时代，越不会遗漏在任何领域有所长且懂得发挥的人才。做好自己擅长的，才不会被亏欠。

是金子，总会发光。是石头，经过打磨，也能变成璀璨的玉器。而一出泥土就想镀金的顽石，势必在大浪淘沙后暴露出败瓦残垣的模样。

* 04 *

请拥有必要的安全感

"我没有安全感"这句可用于情侣间的撒娇，但不可作为自己逃避现实的借口。

对事业没有安全感，是缺少议价的实力；对感情没有安全感，是缺少对自我的信念。

我见过一些缺少安全感的人，把恋人与异性之间的只言片语当成十恶不赦的罪状，进而恶语相向，充满暴躁和怨念。说起来也很可怜，越是对爱人缺乏基本的信任，越是爱得卑微谨慎。

年轻的时候，我也不懂得这个道理。但长大后，知道好的爱情是灵魂相吸，是彼此心照不宣的默契，是相互成就的关系，争不来也抢不去。抢得走的爱人，抢去便罢了，何必失了自己的姿态？试图用铁笼守卫爱情，不留一丝喘息的空间，才会让自己魅力尽失。

无论在哪种情感里，我们都应当成为独立的个体。爱情来来去去，而你始终有自己的尊严、体面与坚守。

* 05 *

保持天真的智慧

我遇到过的成功的人——我把成功理解成达成愿景、过上自己理想的生活——都有一个共同的特质，即是始终保有天真烂漫的真心。即使年纪渐长，也依然拥有孩童的一面。

近年流行说别人"油腻"，在我看来，"油腻"的人正是失去了童真的一面，是彻彻底底为欲望所操纵的成人。他们的目的性太强，无利不往。通常人在变得世故之后，才会搭上这个词。觉得自己拥有的足够多，也无须再成长，然后因不可一世的优越感所展现出可笑与滑稽。

而孩童最"傻"，最一根筋，肯为了一个目标牺牲大部分世俗标准下的利，不被旁人的嘈杂声音所扰。

27岁这一年，发现很多渐行渐远的老友都变成了真正的成人。曾经会为一首曲子谱出心中诗句的人，如今张口闭口就是利益，无他。样子也变了，几年前还是稚嫩的脸转眼间竟也"油腻"起来，心中难免悲凉。

我喜欢的作家钱佳楠在《上海的市声》里讲："长大后的话很容易就说完了，生活让很多人的话变得索然，而学生时代的喧闹有着青春的底色，无知无畏，且生命中没有什么莫大的悲哀，自可以今朝有酒今朝醉。"

如今的我在想，保持天真实则是一种极大的智慧。世人以为懂事便是成熟和长大，而最聪明的人，根本不会长大，摆脱"油腻"需得靠着不断地自我审视，始终保持对世界的好奇与谦卑之心。他们有成人的智识和孩童的心境，是最通透可爱的人。

　　这是我的有感而发。27 岁，不大不小，于我而言，既无心做永远的少女，也不想投身"佛系 90 后"，只想做一个始终对生活有爱的、温柔的、自知的、天真的人。

28 岁 | 感知美好的能力

　　圣诞节的这一周在东京度假，24 号的生日赶到箱根的林间小屋。因为白天贪吃筑地市场新鲜的鱼生，耽误了行程，下午坐小火车抵达箱根的时候天已经黑了。有一点狼狈地摸着黑走过湿漉漉的小树林，踏着一块块墩圆的石板拾级而上，走进这座叫作星林的木屋。

　　电台已经调好了，很应景地在播放圣诞歌。我把灯光全都拧开，把炉火生旺，屋内瞬间变得黄澄澄暖融融的，落地窗外的树影也渐渐模糊起来。此时的箱根更显得出奇的寂静，因为假期的缘故，很多工作人员都早早下班了，再次出发去订好的餐厅，竟只剩下我们一桌。这个夜晚，安静地躺在一片湿漉漉的小森林的怀抱里。

　　每年生日，好像都会临时起意去一座邻近的城市。去年在清迈叫不上车，穿了 10 厘米高跟鞋坐当地的土三轮去赴宴。今年又被淋得满脸满头的雨水。每年都会发生一些计划外的无法预料的情况，很难每个细节都如愿。

　　大概也很像人生，从来没有真正准备好的时刻，总是在误打误撞里走到一个新路口，看到的风景也不错，干脆就顺势走下去。

倒不必多么完美无缺，恰好是那些糊里糊涂的事让人难忘，笑笑闹闹，才是它的底色，太尽善尽美，就不是真正的人生了。

生日这天惯常是要写些什么的。我想了想，这个公众号诞生于我 25 岁的时候，写到现在，有缘记录了我一路奔向 30 岁的心路历程。那一年我写道："25 岁之后再也不能心安理得地做一个"傻白甜"啦，有智慧的岁月总是多多益善！"

但其实并没有真正想过 30 岁是什么样子的，现在真实地感到它越来越清晰了，有一个朋友与我说："我已经很久不去记那个数字 2 后面的零头了，四舍五入自己是 30 岁很久了。"我说："因为有零头的好时光越来越短了，我还是很珍惜的，比以前更珍惜一些。"

并不是害怕三字打头的年龄——这一点应该是当代都市女性的基本共识，但还是很喜欢二十几岁的岁月，年轻的心里像有一股火苗在燃烧的冲动，对世界保持天真、信任、好奇、勇气和探索的精神，容易坠入爱河，也容易快乐。但转念一想，这些闪闪发光的品质，如果可以，我将一直保留。

我不喜欢意志力薄弱的人，年龄和周遭的压力一旦袭来，就会迅速放弃一些东西，抱怨然后妥协。我想人始终要有一些抵抗精神和浪漫意识，才能在平凡生活里开出绮丽的花朵。

从 27 岁到 28 岁，几乎没有感觉到一年的流逝，更像是一个季节，甚至是一个月。或许是这一年里，我太常在路上奔波，还没有经历过一个完整的四季循环。又或许是时差吞掉了我的时间概念，让我恍恍惚惚地长了一岁。

有些什么好的事情在发生呢？我在心里想。可能是更有钱了——这一点挺重要，最好的是，对工作有了更多的话语权，比较能随着性子选择做自己感兴趣的事。自由是最好的福利。还有走了更远的地方，看到了更广阔的世界，小烦恼少了一些，大视野宽了一些。

当然更多的"惯病"还需改进，譬如始终没有维持好运动的频率，没有符合计划地读足够多的书，会在工作的时候情绪暴躁，没有为家人和爱人腾出更多的陪伴时间……

每年一次的自省仍然需要，还有一些零零散散的想法，是 28 岁的我微不足道的处世哲学。

01

要做自己，但不要只"做自己"

做自己的前提是，你怎么定义自己。你喜欢自己吗？你不仅仅是你，而是你的社会关系、环境背景、事业感情的总和——如果对自己犹犹豫豫，毫无信念与理想，那么做自己或许只是充满执念的任性，是自私的一种说辞。

我原不知道自己是谁，一个人是复杂的综合体，我有好的一面，也有想要尽量避免的一面，唯有在清醒和前进的道路上，才能明了"喜欢的自己"是什么样的。做自己，需要有清晰的、值得信仰的内核。我不想两手一摊，浑浑噩噩、毫无选择地做自己。

* 02 *

努力并不羞耻

我敢说大部分人，包括我在内，这一生也没有那么多次竭尽全力的时刻。"就到这里也差不多了吧"，这样想着，步伐也就慢慢停了下来。甚至在很长时间内，看得见的努力都被认为是某种笨拙与羞耻，与生俱来的天赋才是值得艳羡的特质。

事实证明，所有的不费力气都是长期积累后的厚积薄发，因为已经足够努力了，习惯努力如同习惯呼吸一样的自然与必需。

这一年里，我认识的每一个获得进步与成就的人，每一个过得不错且对未来十足坚定的人，每一个我喜欢和欣赏的人，都有高出平均水平百倍的努力。

什么是真正聪明的人？可能是他们更懂得努力的方法，也清楚努力的方向，并从不张扬这一点，反而举重若轻。

* 03 *

如果可以，尽量不要抱怨生活

不要抱怨生活的一成不变，不要抱怨它的千疮百孔，不要抱怨穷和辛苦。去改变它，不要与它僵持。

当然，我这样说，未免过于武断，也缺乏同理心。倘若真正到了山穷水尽的地步，那又是另一码事。我只说大部分与我一样，不算太好也绝称不上差的平凡人。

年中的时候，我写过：

> 如果说对年轻女孩儿提升气质有什么实际可操作的建议的话，请不要频繁过度地哭穷。虽然大多是以玩笑为主，但时间久了也会产生心理暗示，令人沮丧。

心理暗示对人的生活状态有非常强烈的影响。我对待种种不顺的方式是：深吸一口气，把"太倒霉"这样的想法憋回去。大部分生活的乱都是多米诺骨牌，因为第一件小事没做好，导致了接二连三的连锁反应。你觉得运势不佳，也许只是因为自己在第一张牌上的失误。但生活是允许失误的，所以下一次请记得打好第一张牌呀。

不妨把所有的坏运气当成是命运的小玩笑，或许是为了指引你去打开一扇更光明的窗口也未可知。塞翁失马，焉知非福。我们中国人说"傻"人有"傻"福，就是要保持这样一点憨憨的乐观。

* 04 *
对他人宽容让你拥有更广的弹性

我不是说去喜欢每个人，因为这全然是不必的。在感情上，我是百分百摩羯的天性，吝啬、自我，还有一点决绝。我始终讨厌"博爱"的人设——有人觉得只有博爱才最安全最省事，但这种"博爱"，表面上是宽容、友爱，其实不过是一种自私以及逃避责任的表现。我的朋友始终很少，但这并不会令我孤独。

我所说的对人的宽容是指对与自己不同的人持以更豁达的态度。这一点说起来轻巧，却不那么容易做到。

譬如说，对自己不够熟悉的人始终保持积极的预设，不从负面加以揣度。倒不是鼓吹什么真善美，只是"讨厌"实在是一件需要费时间、力气和感情的事。"讨厌"甚至比"喜欢"要付出更多的关注。

有精力去构筑无来由的人际矛盾，何不试着将精力投入于提高自己和拥抱朋友上？

有时候听别人问，该如何面对讨厌的人？我想，这真是人在很年轻的时候才会萦绕在心中的烦恼。倒不是因为成熟令人八面玲珑，而是因为一旦获得相对宽裕的自由和独立，伴随而来的最好的一件事，就是对自己的生活状态拥有了更主动的选择权。

我主动选择了我的爱人与职业，主动选择了令自己最舒服的生活环境，当然也最大限度地主动选择了周遭的人以及与他人相处的方式。

如何与讨厌的人相处？不，我已经很久不与讨厌的人相处了。相处是个温情的词，我把它留着，给喜欢的人。

* 05 *

不给别人添麻烦，也拒绝别人添的麻烦

不给别人添麻烦是成年人行走世界的底线。那些自己可以轻而易举解决的问题，偏要向他人讨个方便；自己消化不了的坏情绪，偏要发泄给可怜的陌生人，要求全世界对自己包容安慰。

谁的生活又比谁容易呢？你试图求援的对方，你讨要安慰的对方，可能正在经历更大的苦难。有时候我们那渺小得不值一提的痛苦，在广阔的世界中甚至比不上一粒尘埃。

同样的，也请勇敢地将这个道理告诉那些无数次为你增添不必要麻烦的人。

* 06 *

要看更远更大的世界，
不要活在自己小小的一方天地里

倘若你走过更多的地方，看过与自己全然不同的人群，体验过陌生新奇的生活方式，换一种思路去思索人生，也许就会豁然

开朗，并对沉溺于自己世界里小小的心结感到羞愧。

每到一个新的城市，离开原来的舒适区，心态会更加轻盈。将自己当成一个大大的容器，容纳世界的多重魅力。

看过更辽阔的世界，方能更加谦卑、丰富与勇敢。

* 07 *

拥有感知美好的能力

这是活着所能拥有的最好的能力。它是诗情画意，是理想主义，是英雄情怀，是疲惫生活的负隅抵抗。童年时唾手可得，长大后却渐渐消退。

我很爱的一部动画片叫作《头脑特工队》（Inside out），里面有一个粉红色的冰棒，代表的是每个女孩幼年时代美好的想象。有一天它发现自己再也不会被想起了，于是失落了很久，最终它选择哼着童谣，骑着喷出彩虹的小车，冲上云霄，消失在这个世界上。这一段我每次想起，都会忍不住红了眼眶。

那些生活中最炽烈的欢喜，终将消逝的快乐时光，在我们转身离去时，也许都曾这样孤独地歌唱过。但我们一路向前，也是因为它们暗中馈赠的余力啊。

不要轻易地顺从和投降，不要轻易地丧失浪漫和敏感，不要只看到生活永恒的苦涩，却不体会这过程中片刻的生动。

但愿我们的眼睛始终能看到繁星、月亮、鲜艳的玫瑰花、清晨的露珠，并始终为此心生欢愉。

黑塞的话是我如今的座右铭："不管这是高度的智慧还是最简单的天真幼稚，谁能尽情享受瞬间的快乐，谁总是生活在现在，不瞻前顾后，谁懂得这样亲切谨慎地评价路边的每一朵小花，评价每个小小的、嬉戏的瞬间价值，那么生活就不能损害他一丝一毫。"

29 岁丨做一个快乐的悲观主义者

　　兜兜转转又来伦敦了，今年我差不多来了 4 次。想到 2014 年我离开伦敦，在机场哭得肝肠寸断，去交还银行卡的时候柜员问我：你要离开多久？我说：永远。

　　小时候总是把离别看得太重，殊不知世界上并没有那么多的永远，想要去的地方，总是转身就能到达。

　　2014 年挂着眼泪离开的地方，2019 年我已经在这里有了自己的小窝。这个平安夜，坐在窗边向外眺望，伦敦万家灯火，世界又比我曾经认为的小了一点。

　　2019 年不算是一个顺风顺水的年头，年末的几个月过得混沌焦虑，虽然不停地告诉自己"不用那么拼的"，但始终没法抽身而退。

　　时常一天掰成三四天用，凌晨开始写稿，白天拍摄、采访、参加活动、交提纲、写脚本、准备服化道、和客户打电话，在多种不同的身份里转换。前一秒还在焦急改稿，下一秒就被要求在镜头前展现明亮纯澈的眼神。生活好像战场，感觉自己是推巨石的西西弗斯，在周而复始地重复一种痛苦。

　　有一天，夜里回家的路上，路边卖花的老奶奶朝我递来几枝歪歪扭扭的鲜花，我说："不用了，谢谢。"老奶奶轻声细语地讲："不要钱，送给你。"脸上挂着讪讪的笑容，伸出来的双手已经冻得泛红结痂。我看看她，突然觉得她长得像我的外婆，也像外婆一样对我好。我说："你把手上的花都卖给我吧，早点回家好不好？"

"真好，真好。"我记得她这样说。

然后我看着她佝偻的身影蹒跚着消失在 12 月上海的寒冬夜里，突然就站在马路上号啕大哭。

我不知道为什么哭，也许是看到了这个世界上更大的悲怆和荒凉，也许是想念外婆了，也许是深夜里突然接收到的一点善意，让我觉得一切还没有那么坏吧。

我想我应该去努力的，努力是有意义的。人活在这个世界上，不只是为了一切遂自己心愿，不能只懂得"看七月巧云，听苏格兰兵吹风笛，享受微风中的藤椅，吃盐水花生，欣赏雨夜的霓虹灯"，而全然不顾这霓虹灯背后的悲苦。

人与人总会交接，生命不会只充满了欢愉。如同加缪曾这样写道：一定要去想象西西弗斯的快乐，因为向着高处挣扎本身足以填满一个人的心灵。他的命运是属于他的。他的岩石是他的事情。"没有一种命运是对人的处罚"，有一些沉重，是生活必将承受的。有了它，才让轻盈有了价值。

快到 30 岁时，我开始更豁达宽容地面对人间了。人生选择从未有高低之分，我也没有什么资格去定义别人的平庸。

11 月的日记里我写道：一个人倘若能按照令自己舒服的活法

生存着，在这样混沌又艰难的世道中开辟出一条小小的道路出来，为自己找到安定和幸福，难道不是最大的幸运或者说智慧吗？

人们总说 2019 年是个动荡不安的年份，但回头看看，很多沮丧和焦灼都渐渐散去，能记住的只有那些会在生命里留下印记的高光时刻。

譬如第一次带着全家人去普吉岛南部海洋中的小岛，在海边的大树下搭建起临时的露天电影院，头顶摇摇欲坠的星星，躺着看一场爆米花电影。

譬如在最忙的一个月临时搬家，每天狼狈疲惫至极，偶然一天坐在空荡荡的房间里发呆，遇到茂密的树影倒映在白墙上影影绰绰，水波流动。

譬如夏天男友膝盖受伤，做手术的那天下起倾盆大雨，车被严严实实地堵在弄堂里，我下车蹚着积水去医院，结果错过了入院时间，阴差阳错又蒙混闯进去，我挂着眼泪抵达的时候，刚好赶上这家伙笑嘻嘻地被从手术室里推出来。

譬如这次飞伦敦，十几个小时的长途飞行之后，在清晨下飞机的那一刻，天还蒙蒙亮，依稀泛着熟悉的蓝灰色的光，空气的味道都是亲切的、贴己的，深吸一口气，我便知道这一年会在喜欢的地方画上句号了。

当我回想的时候，那些站在聚光灯下的华服和光芒，拍过的几百套照片，或是什么了不起的合作，都很容易被模糊和遗忘。能让我在一年中最后的几天里感到心安踏实的，是这些零零散散却实实在在的瞬间。

你相信吗？记忆本身就是有过滤性的，留给你的才是你潜意识里的选择。

我想，比较好的一点是，2019年我还保留了很多的热情和冲动，还有探索世界的好奇心和勇气。我知道自己不会只停在这里，我的缺点和空白太多太多了，我还期待做一个更丰富饱满的人。

照例每年要在这个时候写下一些小小的经验，以及微不足道的一些小观察，或许能与你有一些共鸣。

* 01 *
不能拥抱粗糙的人，不能拥抱自己

不能拥抱粗糙的人，不能拥抱自己。这句话是在某个节目里听黄执中说的，也是我很长时间以来思考的一个问题。

做一个精致的人无疑是美好的，而传达"只能做一个精致的人"这种思想，却是罪恶的。

很久以来，我都很担心自己是这种扭曲思维的传播者。我喜欢美的事物，但本质上是个大大咧咧的人，对自己并无苛刻要求。直到我发现我这个人开始被网络审视，精准到每一个五官、表情、动作、丝袜的长度、一颗痣的位置……任何一点都可以被放大百倍地审核和批判。

这一点让我反思：是否我的表达让大家认为"人类应当是完

美的，从头到脚，不该有一丝缺陷"？

抑或大家也会这样去审视自己，因为天生的某些特质不符合大众审美而感到痛苦挣扎？

精致不该是严厉的、面面俱到的，而应当是自然而然的、让人感觉愉悦的。如果成为枷锁，那不如不要。

昨晚在睡前我还在回答一份杂志的采访稿，对方问我："你是否是一个有生活仪式感的人？"我说："我现在开始讨厌'仪式感'这三个字，它让我觉得小心翼翼，是一种仰望的态度。"只有不懂得享受生活本身的人才会对某些事产生"仪式"般的感受，而那些美好不应该是生活的一部分吗？

剥开林林总总精致的外壳，还能与自己和谐共处，我觉得才算自由。

一个心理健康的人，他既能品尝精致，也一定能够拥抱粗糙，他有能力感受到两种不同的开心。

* 02 *
感受生活比享受生活更重要

感受生活是观察与体验，保持敏感，懂得自省，从生活中获取灵感，对美有基本的感悟与欣赏力。

而享受生活往往建立在消费主义的基础之上——当然我从来不压抑消费欲，相反生机勃勃的消费欲望是与世界相处的动力。

但人不应该一头扎进消费主义的旋涡，尤其是年轻的朋友们。消费的美好应该在你的掌控范围之内，铺张浪费本身毫无意义。

因此我从不愿意写"吃土也要买"这种宣传文案，自媒体的职责是讲述美好事物，提供一种可能性，而不是无限度地鼓吹消费。

花钱不算什么本事，会花钱、花出风格、花出精神，才有意思。这个世界不是有钱人的世界，也不是没钱人的世界，它是有心人的世界。

* 03 *

人生如果只有一种成功，
那就是过上自己想要的生活

人生如果只有一种成功，那就是过上自己想要的生活。而明确地知道自己想要什么，本来就是一种成功了。

你认识越多的人，越多符合世俗意义上成功的人，就越会觉得人与人的追求大相径庭。快乐的人与不快乐的人在不同收入、社会地位的群体中呈正态分布。

含着金汤匙长大的人，也并非就是天生的赢家，同样会因为寻不到人生方向而惴惴不安。我常与朋友玩笑，从某种程度上来说，我们这样的普通人是幸运的，无论再迷茫，起码我们也有一个与生俱来的扎实目标——为好好活着而奋斗，对不对？

* 04 *

做一个快乐的悲观主义者

做一个快乐的悲观主义者，这是我一直以来的人生哲学，或许是天性使然。虽然不一定对，但常常使我得到解脱。

如果生活的本质注定不是那么乐观的，当下拥有的都可能即将逝去，那么现在的一点点收获都是侥幸，所以为什么感到欢欣鼓舞？

我不对事情的发展抱有最好的期待，我不渴望道路的终点是无限欢乐喜悦，因此倍加珍惜沿途中获得的经验与知识。

我不爱长久地规划人生，因为唯有不确定性是确定的。所以我宁愿减少规划，多多思考现在该如何获得更多价值和乐趣？

我甚至不相信情感关系的永恒与亲密。

我不需要友谊长存，热情不灭，只想要对方能力范围之内的：做伴就好，不用多话。再多一些，都是令人雀跃的恩惠。

而爱人，我与毛姆说的一模一样："今年的我们已与去年不同，我们的爱人亦是如此。如果变化中的我们依旧爱着那个变化中的人，这可真是个令人欣喜的意外。"

世界已经给了我很多欣喜的意外了，不能说我不是幸运的。纵使有一些忧伤和困惑，那也是意料之内的，这样想想也就坦然了。

快乐的悲观主义者，也许正是世界上残留的最后的英雄主义：认清了生活的真相后，还依然热爱它。

30 岁 | 做一棵自由生长的树

今天我 30 岁了，真不可思议。

十七八岁的时候我常常对着镜子想：这张脸长到 30 岁是什么样子啊？那时候我会是一个厉害的人吗？

这个场景我始终记忆犹新，仿佛就在昨天。现在我还时常梦到自己在高中校园，答题交卷，下课铃清脆地响，内心也还怀着青春期的惆怅彷徨。猛的一觉醒来，不知今夕何夕，真不确定这十几年是不是真实地被我过过了。

还好还好，我捏了自己胳膊一把，是真的 30 岁啦。

"三"字开头的第一天是什么感觉？我记得今年读到一个作者写她 30 岁的生日，是一生中最隆重的"祭奠"，狂欢之后，自以为告别青春、步入中年，看着满屋子鲜花，内心悲壮，像某种葬礼。

但事实上，青春是永远过不完的，等到五六十岁的时候，又有一种新的态度，每一次生日都像新的诞生。

我的感觉则是，有一种平静心安的欢喜。不是那种要跳起来向全世界宣告的狂喜，也不想轰轰烈烈与过去的时光划清界限，只是被很多的充实感填满着。

从 18 岁行至 30 岁，过程倒很像《桃花源记》里写的："初极狭，才通人。复行数十步，豁然开朗。"

原来的世界只有一个小小的自我，一切喜怒哀愁都比天大。行至今日，看到了更宽广的世界，那个有关"自我"的内核变大了许多，心胸与眼前的道路自然也辽阔起来。

比起"二"字打头的岁月，现在的我，的确自由坦荡得多。有底气独立做出人生的大部分选择，也包括勇敢地说不。坦然地面对失去的东西，也不去担忧能否再次拾起。

事实上，我身边所有的女性朋友们，也都是到了 30 岁，才发现人生可以真正随自己所愿，说去哪儿就去哪儿，说退出就退出，一点也不拖泥带水。真可笑，我居然曾经被陈旧的传统观念误导过，以为女人的 30 岁，可能真的气数殆尽，现在只想朝过去大喊："世界是我们的！"

与现在得到的这一切相比，眼下冒出几条细纹、多生出几根白发算得了什么呢？简直像是岁月调皮的注脚，倒多出几分韵味来。

30 岁的第一天，与往常也没什么两样，赶不完的稿子、做不完的工作。只是早上去客厅给树浇水，发现前两天买的花一夜间悉数绽放，红彤彤、绿油油，家里又有了蓬勃向上的生命力。

今年陡然萌生了莳花弄草的兴致，于是给自己找来一大片园子，现在还在画设计草图，研究它们的特质、花期和培育方式，一门心思铺在植物上。

太有意思了，植物各有自己的脾性，光照、雨水、土壤，如若刚刚好适应它，它便会茁壮成长。并非要将它捧在温室里，宠爱有加，唯有顺应其本心，才能延续它扎实的根植向下的生命力。

最有趣的是，现在长在我的庭院里的树木，竟都是无人居住时被鸟雀衔来或风吹来的种子，经过自然的雨水浇灌，它们兀自成长为亭亭如盖的大树，肆意地伸向天空。有时候我想，它们是怎么熬过那些干旱、雨涝、严寒、风暴的时节呢？这样旺盛安静地开放，不让人看见它所经历过的苦难与斗争，逃避过的风险，独自面对过的贫瘠或丰盛的岁月。

现在的我，也想做一棵自由生长的树，脚踏实地、扎实坚强、倚靠自己、随心所欲，而灵魂永远渴望伸向最远的天空。

与每年一样，似乎都应该在此刻做一些小小的总结。给自己，也给那些常常读我文章的年轻朋友们。我的人生经验或许于你并无启迪，但也许可以助你在成长道路上获得一些思考。

* 01 *
不要急着找到一个港口

20 岁的时候一个我很尊敬的长辈跟我说："你不用去纠结以后会做什么。你的个性、喜好、热情会像旋涡一样推动着你往前走，自然将你带去最适合你的位置。"

今天也想把这段话转达给关注着我的，正在焦虑的年轻人。

我想时代给了年轻人太多压力，出名要趁早、创业要趁早、成功也要趁早，这些压力使人应接不暇。在很小的时候，便有一种迫切找到人生的港口、将船停岸的念头，因为总有人告诉他们：港口不多了。

很多大学生，甚至中学生，因为种种原因找到我，询问未来的职业规划，等等。我很惊讶，十几岁就要开始为未来的生计未雨绸缪了吗？

老实讲，时代发展得太快，5 年后、10 年后，我们都不知道世界会变成怎样，无论你现在如何焦虑，都无法改变未来的不确定性。面对不确定，最好的方法就是找一个稳定结实的核心，譬如说认识自我、培养一种良好的素养、有责任心、勤奋认真、为人善良——这些在任何时代、任何职业中，都大有裨益。

一个人能有忧患意识是很好的，只是不要让这种"忧"占据心态的上风。

有时候我庆幸自己生在一个互联网还没有极度发达的年代，读书的时候我们办社团、谈文学、约会、恋爱，两耳不闻窗外事。似乎对未来发展毫无规划，但这些也是 30 岁的我，往前回顾时能想到的最好的金子般的时光。

纷繁复杂的人生体验，都是会在未来的某一刻闪光的片段，那是时间的礼物，为什么要急着靠岸呢？直到现在，我也很想扬起风帆，随时出发，经历过漫长波折的浪涛之后，彩虹浮现，才可归港、才能心安。

* 02 *
洒脱、负责且温和

洒脱、负责且温和，这是我对自己的要求。

洒脱是对自己，负责是对工作，温和是对他人。

一个人，倘若对事没有责任心、对人没有尊重和礼貌，是不配提"洒脱"二字的，只能叫"自私"。

自私的人毫不可爱，不用拿任何潇洒的理由来美化自私。

* 03 *
"自我"与"他人目光"

人活在社会群体里，无法避免地要与人相处和产生摩擦，总需要在"自我"和"他人目光"之中找到一个平衡点。

我们不可能做到无视别人的目光，也无须排斥，有时候恰是别人的意见，能让身处其中的自己醍醐灌顶，多加反思。

但我们要意识到，在某种程度上，他者的目光是有一定立场和预设性的，他看到的你，也同样夹杂着视角偏颇和内心主观情绪的影响。

他人的评价可以作为一种参考，但绝不能作为衡量自己的标尺，甚至是惩罚自己的理由。

而我自己的对外评价体系是这样的：如果是没有真实接触过

的陌生人，绝不提前对他进行负面的预设；如果是真实接触过却不太喜欢的人，就不会在记忆里多停留，不想也不提，因为"讨厌"同样消耗精力。

宝贵的精力应该用在自我相处和去爱人上。

* 04 *
长途跋涉地归真返璞

木心说："人生能做的事就只是长途跋涉地归真返璞。"

归真返璞，便是直面内心。我是一个什么样的人？我真正喜欢的是什么？什么才能让我踏实地感到快乐？

牢记于心。无论外人怎么看，我始终在写心里真实想着的事。你们认识的我，也许不是一个完整的我，但一定是我的某个部分。

诚然，我的职业非常容易令人走向一种"浮华"的状态，或许很多大都市生活的人都有这种体会：这座城市以及身处环境太过于五光十色，渐渐心浮气躁，久而久之，便觉得自己在这片绚烂的背景里融入了，也消失了。

所以我总是时刻提醒自己，尽力地归真返璞，可以磨掉曾经的戾气与局促，但不要磨掉自己的棱角和锋芒，永远地保留着少年气。

"恍惚地面对世界，笔直地面对自己。"

* 05 *

永远保留燃烧自己的可能性

如果有机会的话，不止 30 岁，在 40 岁、50 岁的时候，我还想跟自己说：燃烧吧！不要让"理想""激情""有趣"这样闪光的词消失在生命里。

允许自己做一些大胆的决定，全力以赴地展开新的旅程，叛逆且有斗志。

不要感叹衰老，不要祭奠青春，不轻易沧桑。

想做什么就不留余地去做。我不觉得只有年轻人才有试错的成本，人在任何时候都要保留"初生牛犊不怕虎"的魄力。况且，至少现在我们还更多一分接受后果的底气。

这样想想，30 岁真让人振奋。

但愿从此展开一生中最瑰丽、自由、深邃、开阔的流金岁月。

摄于西班牙安达卢西亚小城加的斯，一栋 17 世纪修道院改造的公寓内

摄影：Ben

图书在版编目（CIP）数据

心存旷野，手握玫瑰 / 刘筱著. —— 南京：江苏凤
凰文艺出版社，2021.6
ISBN 978-7-5594-5878-0

Ⅰ.①心… Ⅱ.①刘… Ⅲ.①人生哲学 - 通俗读物
Ⅳ.①B821-49

中国版本图书馆CIP数据核字(2021)第080523号

心存旷野，手握玫瑰

刘　筱　著

责任编辑	李龙姣
策划编辑	靳　凌
装帧设计	李林寒
出版发行	江苏凤凰文艺出版社
	南京市中央路 165 号，邮编：210009
网　　址	http://www.jswenyi.com
印　　刷	北京盛通印刷股份有限公司
开　　本	880 毫米 × 1230 毫米　1/32
印　　张	8
字　　数	152 千字
版　　次	2021 年 6 月第 1 版
印　　次	2021 年 6 月第 1 次印刷
书　　号	ISBN 978-7-5594-5878-0
定　　价	52.00 元

江苏凤凰文艺版图书凡印刷、装订错误，可向出版社调换，联系电话025-83280257